另一种选择
OPTION B

FACING ADVERSITY,
BUILDING RESILIENCE,
AND FINDING JOY

直面逆境，
培养复原力，
重拾快乐

[美] 谢丽尔·桑德伯格（Sheryl Sandberg）
亚当·格兰特（Adam Grant）◎著
田蓝　乐怡◎译

中信出版集团·北京

图书在版编目（CIP）数据

另一种选择 /（美）谢丽尔 · 桑德伯格，（美）亚当 · 格兰特著；田蓝，乐怡译 . -- 北京：中信出版社，2017.9（2025.1重印）

书名原文：Option B: Facing Adversity, Building Resilience, and Finding Joy

ISBN 978-7-5086-7919-8

Ⅰ . ①另… Ⅱ . ①谢… ②亚… ③田… ④乐… Ⅲ . ①心理学－通俗读物 Ⅳ . ① B84-49

中国版本图书馆 CIP 数据核字（2017）第 167728 号

另一种选择

著　　者：［美］谢丽尔 · 桑德伯格　亚当 · 格兰特
译　　者：田　蓝　乐　怡
出版发行：中信出版集团股份有限公司
（北京市朝阳区东三环北路 27 号嘉铭中心　邮编　100020）
承 印 者：河北鹏润印刷有限公司

开　　本：787mm×1092mm　1/16　　印　　张：15.25　　字　　数：220 千字
版　　次：2017 年 9 月第 1 版　　印　　次：2025 年 1 月第 12次印刷
京权图字：01-2017-4940
书　　号：ISBN 978-7-5086-7919-8
定　　价：49.00 元

服务热线：400-600-8099
投稿邮箱：author@citicpub.com

以爱的记忆，献给戴维 · 布鲁斯 · 高德伯格（David Bruce Goldberg）

1967 年 10 月 2 日—2015 年 5 月 1 日

我永远深爱你，戴夫[①]

① 戴夫（Dave）是戴维（David）的昵称。——编者注

 目　录

OPTION B 前 言

我对他说的最后一句话是："亲爱的，我先睡一会儿。"

1996 年夏天，我和戴夫·高德伯格初次相遇。那时我刚搬到洛杉矶，共同的朋友邀请我们一起吃晚餐，餐后再去看电影。电影刚开始，我马上就睡着了，我的头倚在了戴夫的肩膀上。后来，戴夫总是喜欢把这件事告诉其他人——当时他认为，我对他有感觉，直到后来他才知道，原来"谢丽尔在任何地方都会倚着旁边的人睡着"。

戴夫很快成了我最好的朋友，而且，洛杉矶对我来说也开始有了家的感觉。他带我结识了一些有趣的人，还告诉我一些可以避开交通堵塞的小路，帮我制订休闲计划，确保我在周末和假日有事可做。是戴夫，引领我接触互联网，给我听我之前从未听过的音乐。在他的影响下，我变得越来越酷了。在我跟前男友分手的时候，戴夫毫不避讳地安慰我——要知道，我的前男友可是前海豹突击队成员，即便在睡觉时，他的床下都放着上了膛的枪。

戴夫总是说，他对我一见钟情，但他等了很长一段时间，等着我“变得足够聪明，能摆脱其他衰人”后，才开始和他约会。戴夫做什么事情总是先我几步，后来我也慢慢赶上了他。那场电影之后又过去了6年半，我们紧张兮兮地安排了一次长达一周的旅行。我们都知道，这场旅行，要么会把我们的关系带往一片新天地，要么会把我们“伟大的友谊”毁得一干二净。又过了一年，我们结婚了。

戴夫是我的精神支柱。每当我觉得沮丧的时候，他都能保持冷静；每当我焦虑的时候，他都说一切都会好起来；在我不确定该怎么做的时候，他会帮我理清脉络。就像所有的已婚夫妇一样，我们的婚姻也有起起伏伏。不管怎样，戴夫总是让我感到，我被深刻地理解着，我被坚定地支持着，我被全然地深爱着。我一直以为，我将倚着他的肩膀，度过余生。

婚后11年，我们一起去了墨西哥，为我们50岁的朋友菲尔·多伊奇庆生。我的父母在加州帮忙照看我们的儿子和女儿。能够有一个二人世界的周末，戴夫和我都很兴奋。星期五下午，我们闲坐在游泳池边，用iPad（苹果平板电脑）玩着《卡坦岛拓荒者》游戏。我赢了，但是我的眼睛不争气地总是想闭上。当我意识到疲劳感不能使我保持胜利的果实时，我对戴夫说：“亲爱的，我先睡一会儿。”我退出游戏，蜷起身体睡着了。那天下午15点41分，有人抓拍到一张照片：戴夫拿着iPad，坐在他的哥哥罗伯和朋友菲尔旁边，我在他们身前地板的垫子上睡着了。戴夫在笑。

一个多小时之后，我醒了，戴夫却不在椅子上。我和朋友们畅游了一会儿，想着他可能按原计划去了健身房。后来，我回房沐浴，发现他也不在房间里，我有一点儿诧异，但并没有放在心上。接着，我为晚餐挑选了衣饰，查了邮件，给孩子们打了电话。儿子很不开心，因为他和朋友没有遵守游乐场的规则爬上护栏，戳坏了帆布鞋。他哭着认了错，我告诉他，我欣赏他的诚实，我会和他爸爸讨论一下，要从他的零花钱中拿出多少来买双新鞋。这个四年级的小男生想尽快有个结果，催着我快做决定。我说这类事情需要我和他爸爸共同决定，所以只能第二天告诉他答案。

我离开房间下楼，戴夫不在。我走向海滩，和朋友们会合，戴夫也不在。我慌了，一定有事发生。我朝罗伯和他太太莱斯莉大喊："戴夫不在这儿！"莱斯莉愣了一下，然后大叫道："健身中心在哪儿？"我示意前方不远处的台阶，我们开始奔跑。直到现在，我仍能体会到当时我的身体和呼吸中的紧张感。此后，再也没有人会对我说让我的心脏狂跳的"健身中心在哪儿"这句话了。

我们在椭圆机旁边的地板上找到了戴夫——他的脸微微发蓝，偏向左侧，他头下有一小摊血。所有人都开始尖叫。我给戴夫做了心肺复苏，然后罗伯接替了我。医生来了之后继续接手。

在救护车上的那半小时，是我人生中最漫长的30分钟。戴夫躺在担架上，医生在为他救治。被朋友们安置在前座上的我哭着央求医生告诉我，戴夫还活着。我心如刀绞，医院怎么那么远，为什么有那么多车挡住了我们的路。抵达医院后，戴夫被医护人员带进一扇沉重的木门，我被拦在外面。我和菲尔的太太玛恩·莱文坐在地板上，另一位好友抱着我。

仿佛等了一生那么久，之后我被带进一个小房间。医生走进来，坐在桌子后面。我知道这意味着什么。医生离开后，菲尔的一个朋友走向我，轻吻我的脸颊，说："节哀顺变。"他的话和礼节性的吻令我恍惚地看到未来，我知道，正在经历的这一幕会不断地、不断地、不断地在将来上演。

有人来问我，要不要和戴夫道别。我当然要去说再见，我怎么舍得离开他。我以为，只要我待在那个房间，抱着戴夫，只要我不离开，戴夫就会醒来，带我逃离这个梦魇。这时，同样悲痛的罗伯告诉我该走了，我走了几步离开房间，然后又转身跑了回去，用尽全身的力气紧紧抱住戴夫。最后，罗伯慢慢地把我拉开了。玛恩陪着我走过长长的白色走廊，她环着我的腰，支撑着我的身体，防止我再跑回那个房间。

我的余生就这样开始了。无论是过去还是现在，这都是我不曾选择的人生，也是我完全没有做好准备的人生。这一切都令我无法想象。之后，我和孩子们坐在一起，告诉他们，爸爸走了。孩子们尖叫着，我哭喊着。葬礼上，人们说起戴夫时用的是过去时。我的家里也突然出现了很多熟悉的面孔，不断有人来到我身边，草草地吻着我的脸颊，伴之以相同的一句话："节哀顺变。"

到达公墓时，孩子们下了车，哭倒在地上，他们一步也走不了。我躺在草地上，紧紧地抱着他们。孩子们的表亲也来了，他们和我们躺在一起，聚成了一个巨大的哭泣的人堆。一向保护孩子们远离伤痛的成年人的臂弯，在此刻却不再温暖有力。

诗歌、哲学和物理学都告诉我们，时间带给我们的感受并不是均等的。戴夫离开后，时间变得越来越慢，越来越慢。一天又一天，孩子们哭泣着，尖叫着。他们不哭的时候，我伤感地看着他们，等待着他们下一次需要安慰的时刻。而我自己的哭泣和尖叫，大部分都是憋在心里；有些时候，我也会忍不住释放出来，填满其他空间。我被空虚占满了——巨大的空虚占据了我的心脏、我的肺叶，限制了我思考的能力，我甚至无法呼吸。

悲痛是个极其苛求的伙伴。戴夫最初离开的那几天、那几周、那几个月，悲痛一直都在，它不只隐藏在海平面之下，还浮上了海面，细密、绵长，挥之不去。然后，悲痛又像海浪一样，急卷起来，冲刷撞击着，就好像要把我的心抛出身体一样。在那些时刻，我感觉自己连多一分钟的痛苦都不能再承受，更别说一个小时了。

我常常回忆起戴夫躺在健身中心的地板上，我仿佛看到他的脸在天际浮现。每到深夜，我都会大声呼喊，喊进那虚无：“戴夫，我想你！你为什么离开我？求求你，快回来！我爱你……”每一晚，我都哭着入睡；每天早上醒来，我都会再经历同样的情绪。我不相信，没有他的世界还会继续运转。

其他人怎么能像什么都没有发生过一样继续生活下去呢？

而且，日常生活中很普通的事情，也开始变得带有杀伤力。女儿在“家长之夜”活动上给我看她在8个月前开学第一天写下的话：“我上二年级了，我很想知道未来会发生什么。”女儿的话像破碎的玻璃球一样击中了我。在她写下这些文字的时候，无论是她还是我，都不会想到，在二年级还没有结束的时候，她会失去父亲。二年级！我看了看握在我手里的她的小手，再看看她甜美的小脸——她盯着我，想知道我是不是喜欢她写的文字。我颤抖着，脚步蹒跚，差点儿跌倒，我只能假装要不小心跌倒了。我们一起走在教室里时，我一直看向地面，躲避着其他家长的眼神，避免彻底崩溃。

所有的纪念日更令人伤心。戴夫总是会把孩子们开学的第一天当成大日子——他会在孩子们走出家门的时候，拍很多照片。我也试图激起热情去拍相同的照片。这次，女儿生日那天，我坐在卧室的地板上，我的母亲、妹妹和玛恩陪着我。我感到自己下不了楼，也活不下去了，更别说在生日会上强颜欢笑。尽管我知道为了女儿，我不得不这样做；我也知道为了戴夫，我必须这样做，可是，我只想和戴夫一起做这些事。

当然，我在生活中也能发现一些有趣的事情。剪头发的时候，我提到自己入睡困难，发型师便把剪刀放下，打开包，夸张地拿出了大大小小、形状各异的阿普唑仑片[①]。我没

① 阿普唑仑片是用于改善焦虑、紧张或催眠的辅助用药。——编者注

有接受他的药，但是我对此非常感激。有一天，我在电话里跟父亲抱怨，所有悲伤的书籍都有个糟透了的标题——《死亡，极其重要》(*Death Is of Vital Importance*)，《对它说“是”》(*Say Yes to It*)——就好像我可以说“不”似的！就在我们通电话的时候，一本新书又到了：《躺到床的中间去》(*Moving to the Center of Bed*)。还有一天，我在开车回家的路上打开收音机，想放松一下，可是电台播放的每一支歌，好像都比前一首更伤感。例如，《我曾经认识的某一人》(Somebody That I Used to Know)——哎！《不是结束》(Not the End)——我也祈求不要结束啊！《永远年轻》(Forever Young)——才不是这么回事儿！《人生如隙，一路走好》(Good Riddance: Time of Your Life)——没有最糟，只有更糟！最后，我转到了播放《驯鹿的心地比人好》(Reindeers Are Better than People)的那个频道上。

我的朋友戴维斯·古根海姆告诉我，作为纪录片制作人，他早已学会“让故事自己讲出来”。每一部片子开始拍摄时，他都不知道故事的结尾会是什么样子，因为每个故事必须按照自己的方式、自己的时间节奏缓缓展开。戴维斯担心我试图去控制自己的悲伤，他鼓励我要倾听悲伤，靠近悲伤，让悲伤自行其是。他太了解我了，我的确找了很多方式与悲伤作别，我想把它放到盒子里，再丢掉。最初的几个星期、几个月，我失败了——痛苦每时每刻都掌控着我，即使我看起来很平静镇定，它却一直在那里。我的身体坐在会议室，或者在卧室给孩子们读书，我的心却永远停留在健身房的地板上。

C. S. 刘易斯说："没有人告诉过我，悲伤会来得如此恐惧。"恐惧持续不停，悲伤永不消逝。悲伤之浪不断地撞击着，直到击垮我，直到我再也不能站立，不再是我自己。戴夫去世后的那两星期是我最空虚的时候，我收到了一封女性朋友的信。她 60 多岁了，几年前，她失去了丈夫，她以为能给我一些好的建议，但是并没有。而且，她的密友在十几年前也失去了丈夫，她们二人都不认为时间会减轻痛苦。她说："我绞尽脑汁，也想不出一个可以帮到你的方法。"毫无疑问，这封信对我意义非凡——它摧毁了我的希望。我明白，痛苦不会在某一天消失。我感觉自己完全被空虚包围，漫漫前路，似乎只有无尽的空虚。

我打电话给亚当·格兰特，他是沃顿商学院的心理学家和教授。我把这封令人绝望的信读给他听。两年前，戴夫曾读过亚当所著的畅销书《沃顿商学院最受欢迎的成功课》(*Give and Take*)，作为调查猴子公司（SurveyMonkey）的 CEO（首席执行官），戴夫曾邀请亚当来公司演讲。那天晚上，亚当来我们家吃晚餐。亚当研究的课题是如何帮助我们找到内在驱动力和人生意义，我们还讨论了当今女性面临的挑战，以及亚当的研究如何介入这个话题。后来，我们一起写作，成了好朋友。戴夫去世后，亚当飞过整个美国来参加葬礼。我告诉他，我最大的恐惧就是孩子们再也快乐不起来了，而且其他人也会因为我的这段经历对我小心翼翼。但是，亚当通过数据告诉我，实际上许多孩子在失去父母之后都会有强大的复原力，他们将继续拥有快乐的童年，成年后也能很好地适应社会。

亚当从我的声音中听出了因这封信引发的绝望，于是他又横跨美国，飞来告诉我，在这看似无止境的空虚中，其实存在着边界。他想面对面地告诉我，尽管悲痛不可避免，但我可以做些事情以减轻我自己和孩子们的痛苦。他说，最多6个月内，50% 以上失去配偶的人会度过心理学家所定义的“急性悲伤”（acute grief）阶段。亚当让我相信，尽管悲伤会按照自己的方式运转，但我的信念和行动却决定着我多久后会走出空虚。

我不知道是否有这样一些人，他们的生活中只有玫瑰。事实上，每个人都会经历困境。有时，我们能预见困境的到来；有时，我们则会遭遇当头棒喝——它可能是孩子的突然离世，也可能是令人撕心裂肺的感情破裂，或是梦想未能实现的极度失落。问题在于，在这些事情发生之后的下一步，我们该怎么做？

我问亚当，复原力是忍受痛苦的一种能力，那么我们如何得知自己的复原力有多大？他解释说，一个人的复原力并不是固定的，因此，应该换个问题：我们怎样才能增强复原力？复原力是指人们面对悲痛的反应速度和强度，而且我们可以建立自己的复原力。用我们的身体来打比方，复原力并不是指脊柱本身，而是要加强脊柱周围肌肉的力量。

自戴夫离世之后，许多人都对我说过“真想不到”这句话。他们的意思是，他们没想到这件事会发生在戴夫身上，也没想到我竟然还能跟他们交谈——而不是蜷成一个球，悲哀地躲在角落里发呆。我记得有个同事曾在失去了孩子后返回工作岗位，还有个朋友在被诊断出癌症之后买了杯咖啡，我的感受和他们一样。可如今，角色发生了变化，我的回答变成了："我也想不到，但我没有选择。"

是的，我没有选择，只能保持清醒；我没有选择，只能熬过打击、悲痛，并且承受"我还活着"的负罪感；我没有选择，只能努力向前，在家里做一个好妈妈；我没有选择，我必须专注，在工作中做一个好同事。

失去、悲痛和失望，都是个人的感受，每个人都有自己独特的境遇，以及相应的应对方式。然而，正是那些愿意分享自己经历的人的善意和勇气，帮我走出了困境。最亲密的朋友向我敞开心扉，陌生人也毫无保留地贡献了他们的智慧和建议。亚当非常有耐心，他坚信黑暗终将过去，我也终将走出困境。即使面临生命中最可怕的悲剧，我也可以掌控，不让它扩大负面影响。

我和亚当在这本书中想要分享我们关于复原力的认知，这本书是我们共同写作的，但是为了简便和清晰，故事中的"我"是指谢丽尔，亚当则是以第三人称出现。当然，并非每一天希望都会战胜痛苦，确实不会；我们也不想假设自己经历了每一种可能的挫败或困境，并没有。世界上没有一种正确的方式能帮助所有人去面对悲痛或者挑战，所以我们没有完美的答案，也根本不存在完美的答案。

我们也知道，不是每一个故事都有美好的结局。我们在书中讲述的每一个充满希望的故事，其中也有一些令人难以克服的困境。对于每个人来说，复原之路并非总是从同一个地方开始的。战争、暴力、性别歧视伤害着个人及团体，歧视、疾病和贫穷会加深悲剧。令人悲伤的真相在于，困境并非总是平均分配，边缘化及被剥夺权利的群体有更多的不幸要去抗争，他们有更多的痛苦要去面对。

正因为我的家庭经历过痛苦，所以我很清楚我们是多么幸运——我们有广泛的支持体系，有大家庭、有朋友、有同事，以及宝贵的财务支持。我也知道，讨论在困境中寻找力量，并不能够在第一时间减轻我们努力对抗困难的责任。我们需要在社区和公司中做一些事——包括公共政策的实施、人们的互助，以确保更多的人免受痛苦。

无论我们怎样努力尝试去减少悲剧、不平等以及苦难的发生，它们依然存在，我们也必须面对。为了应对未来的变化，我们需要从现在起就增强复原力。心理学家已经做了一系列广泛的研究，帮助人们从逆境中复原，这些逆境包括失去亲人、失恋、离婚、受伤与疾病，也包括个人事业的失败，以及个人化的负面情绪。亚当和我在回顾这些研究的时候，采访了很多经历过普通逆境和极端苦难的个人和群体，他们的故事改变了我们对于复原力的思维模式。

这本书的内容有关人类的精神能力，其中探讨了我们如何帮助自己以及帮助他人。我们研究了心理学的复原力理论，以及重获信心和重拾快乐的心理学理论；我们找到了讨论人间不幸与悲剧的方式，以及如何让正在经受痛苦的朋友变得快乐的方法；我们也探讨了应该采取什么样的步骤，去创造拥有复原力的社区和公司，培养内心更强大的孩子，让人们重新学会爱。

我现在知道，一个人将会在经历创伤后不断成长。很多面临毁灭性打击的人，之后都会发现自己拥有了更强大的力量，并且能找到更深刻的人生意义。我也相信，经历创伤前成长，即一个人不必经历悲剧就可以提前建立自己的复原力，能为面对潜伏在人生前路的障碍做准备。

我的人生旅程刚刚过半，急性悲伤的迷雾虽已慢慢散开，可这份悲伤以及对于戴夫的思念仍如影随形。我继续挣扎着，摸索着这本书中讲到的诸多方法。和许多经历过悲剧的人一样，我希望自己可以找到人生的意义，重拾快乐，并帮助他人走出迷雾。

回首曾经最黑暗的时刻，现在的我明白，即使在那样的情形下，我的内心也闪耀着希望的光芒。那一天，孩子们在墓地崩溃大哭的时候，我对他们说："这是我们生活中第二糟的时刻，既然我们已经扛过了最糟的那一个，那么这一个我们也一定能扛得过去，未来只会越来越好。"然后，我唱起从小就熟悉的一支歌——"安息平安"，以祈祷平安。我不记得自己为什么要唱这首歌，后来我才明白，这是犹太教徒哀悼亡者时诵唱的赞美诗《珈底什》的最后一句。很快，在场的人都唱了起来，孩子们也跟着唱起来，哭泣停止了。之后，在女儿的生日会那天，我从卧室的地板上爬了起来。整个生日会我都保持微笑，令我惊讶的是，那天女儿过得非常开心。

就在失去戴夫后的几个星期，我跟朋友菲尔讨论了孩子们的亲子活动，我们达成了共识——找人代替戴夫的角色。我哭着对菲尔说："可是我只想要戴夫。"菲尔抱着我说："既然选择 A 已经不存在，你就只能考虑选择 B 了。"

人生从来都不完美，每个人的生活都存在 B 选项。这本书就是要帮助所有人去面对并做出选择。

第 1 章

重新呼吸

你必须前行。

我无法前行，

我将前行。

——萨缪尔·贝克特

戴夫去世一年后，有一天我工作时，手机响了，电话是一个老朋友打来的，我们久未联络，我想她一定有很重要的事情。的确如此。这位朋友指导的一个年轻女孩遭遇了不幸。几天前，女孩参加了一个生日聚会，正准备离开时，发现有个男同事需要搭车回家，而且这个同事就住在她家附近，于是她顺路载他回家。当他们抵达目的地时，他突然掏出凶器，在车里威胁她，并强暴了她。

之后女孩去医院做了性侵化验，然后报了警。我的朋友想尽一切办法安慰这个女孩，她也知道我以前见过这个女孩，因此问我是否可以和她聊聊，并提供些帮助。我拨通了女孩的电话，其实当时我有点儿紧张——怎样才能帮助遭受此类暴力事件的女子走出伤痛呢？不过当我听了她的故事后，我意识到，我在克服悲痛的过程中所学习到的东西，或许会让她产生共鸣。

当我们用各种不同的方式面对或处理消极事件时，也播下了复原力的种子。心理学家马丁 · 塞利格曼（Martin Seligman）花了数十年研究人们如何应对挫折，结果发现有三个认知因素会阻碍复原力：（1）个人化（personalization）：认为坏事的发生都是自己的错；（2）普遍性（pervasiveness）：认为消极事件会影响到生活的方方面面；（3）持久性（permanence）：认为事件的残余效应将永远存在。这三个因素（简称“3P”）的存在，甚至会让流行曲《一切都棒极了！》（Everything Is Awesome）变成《一切都糟透了！》（Everything Is Awful）。它们会让你的大脑萦绕着这样的想法：“都是我的错！一切都糟透了，人生糟透了，而且会一直糟下去，直到永远！”

已有数百项研究表明，无论孩童还是成人，只要他们意识到陷入困境并不完全是他们自己的错，困境也不会影响到生活的方方面面，更不会如影随形般相伴一生，那么他们就会更快地复原。认识到消极事件并非个人原因所致，困难也并非无处不在，更不会永久存续的人，患抑郁症的可能性会降低，也会更好地渡过难关。例如，没有陷入 3P 陷阱的教师，无论身在城市还是乡村，他们的教学效果都会更好，学生的成绩也更优异。大学游泳队的选手如果不受 3P 因素的干扰，那么他们的心态更稳定，成绩也会持续提高。对于业绩不佳的保险销售员来说，当他们不再自我否定，并积极鼓励自己时，不但销售额往往会提高两倍以上，而且从事保险业的年头也要比其他同事长两倍。

我跟这个女孩通电话时，起初她只是描述自己如何被侮辱，以及她感受到的背叛、愤怒和恐惧。然后她开始自责，认为让同事搭车是她的错。我引导她停止个人化的自我认知，告诉她被攻击并不是她的错——被强暴从来不是受害者的错，而载同事回家则是再正常不过的举动。我强调，并非所有发生在我们身上的事情都因我们引起。接着，我提起了另外两个因素：普遍的消极情绪和持久的影响力。我们交流了她生活中其他方面的美好之处，我告诉她，绝望感会随着时间流逝而慢慢减弱。

从强暴事件中复原是一件极其困难的事情，而且受害人要经历一个极其复杂的过程，这个过程对每个人来说也不太一样。有证据表明，强奸案受害者不停地自责并对未来失去希望，这种情况非常普遍。而且，只有能够打破这个模式的受害者，才不易患抑郁症和受创伤后压力的困扰。几星期后，女孩打电话告诉我，在她的配合下，强奸者已被起诉。她说自己每天都会思考 3P 因素，我的建议让她感觉好多了。我也有同感。

我也曾落入 3P 陷阱，首先是从个人化的内疚开始的。戴夫去世后，我迅速陷入了自责。第一份医学报告显示，戴夫的致命伤是从健身器械上跌落导致的头部损伤。因此，我不断地责备自己，如果我们早一点儿发现，他就能够被救活了。我的弟弟戴维是神经外科医生，他坚持认为我这么想是不对的——从健身器械上跌落下来，可能会让戴夫的手臂骨折，却不会要了他的命，所以，在他跌落之前一定发生了什么。后来的尸检证实了戴维是对的，戴夫死于因冠心病导致的心律失常。

即便如此，我仍能找到其他理由责备自己。之前，戴夫从未被诊断出患有冠心病，我花了几个星期的时间和他的私人医生以及我们的家庭医生在一起，仔细分析了尸检报告和其他医疗报告。他之前提过胸部偶尔疼痛，但是我们忽视了，这一点令我非常焦虑。我也一直在思考他的饮食问题——我早就应该督促他改进饮食习惯的。他的私人医生告诉我，只是改变某种生活方式并不能救他的命。后来，戴夫的家人提醒我，其实他和我在一起之后，饮食习惯已经比原来健康多了，这对我是一种安慰。

此外，我还因为他的去世给我身边的人带来的不便而感到自责。悲剧发生之前，我是家里的大姐、实干者、计划者、领导者，但戴夫离开后，我突然什么都做不了了。这时，其他人及时补位，为我提供了很多帮助。我的老板马克·扎克伯格、妹夫马克和玛恩筹划了葬礼，父亲和弟妹艾米帮助我安排了安葬事宜。当人们来家里表示哀悼时，艾米督促我起床，一一感谢到访者；父亲提醒我要吃饭，还坐在我身边监督我吃完。

接下来的几个月，我发现自己说得最多的一话是：“对不起，我很抱歉。”我不断地跟每个人说抱歉。我对妈妈说抱歉，因为在戴夫去世后第一个月，她陪着我，这打扰了她的生活；我对朋友们说抱歉，因为他们放下所有的事情，飞来参加葬礼；我对客户们说抱歉，因为这期间我不得不取消约会；我对同事们说抱歉，因为被悲伤压垮时，我会失去对工作的专注。我曾在某个会议开始时，心里想着“我能做到专心去开会”，可眼泪却一下子涌出，我只能匆匆对大家说抱歉，接着迅速离开。

亚当最终说服我，我必须舍弃“抱歉”（sorry）这样的字眼。他也提到，其他类似的闪烁其词的表达也不能再使用。亚当解释说，自责会阻碍我复原，这意味着孩子们的复原也会受到影响。他的话让我惊醒了。我意识到，既然医生都没能阻止戴夫的死亡，那么我相信自己有能力阻止他的离开就是完全没有道理的。我也没有打扰任何人的生活，所有的不便都是悲剧的发生带来的。没有人认为我应该为哭泣感到抱歉——一旦尝试停止说抱歉，我就会不停地咬舌头，慢慢地，内疚也就渐渐消失了。

当自责越来越少时，我开始注意到，并不是每件事都那么糟糕——孩子们可以整夜熟睡了，他们哭得少了、玩得多了；我们也去找专业的咨询师和治疗师寻求帮助，我可以自己照顾孩子们了。我有深爱我的家人、朋友和同事，他们每时每刻都为我和孩子们提供支持，我感觉跟他们更亲近了，比以往任何时候都亲密。

回到工作岗位对摆脱绝望也很有帮助。在犹太人的传统里，人们需要用 7 天的时间持续不断地为逝者进行密集祷告，之后才会继续日常的生活。儿童心理学家和治疗悲伤的专家告诉我，我应该让孩子们尽快回到正常的生活轨道，因此，戴夫去世10天后，他们就回到了学校，我也在他们上学的时候返回了工作岗位。

回到工作岗位最初的日子非常混乱。我在Facebook（脸书）担任首席运营官超过7年，但是，突然间，一切都不一样了，变得很陌生。当天第一个会议上，我能够思考的只是："每个人都在讲什么呢？这个会议有什么意义呢？"然后在某一点上，我被拉入讨论——突然有一秒，也许是半秒，我忘记了一切，忘记了死亡，忘记了戴夫躺在健身中心地板上的样子，忘记了棺木下葬的场景。那天第三个会议上，有几分钟我竟然睡着了，虽然脑袋上下轻晃让我感到有点儿尴尬，但我对此也感到庆幸，不只是因为我没有打鼾，而是这几分钟是戴夫去世后，我第一次感到放松的时刻。几周过去了，几个月过去了，我可以更长时间地专注在工作上。工作给了我一种做回我自己的感觉，同事们对我的善意也让我知道，我的生活并没有那么糟。

我一直相信，人们需要在工作中得到支持和理解；我现在更加深刻地体会到，悲剧发生之后这一点更为重要。但是，现实却远非如此，这确实有些悲哀。在家人去世的美国私企员工中，只有60%的人有带薪假期，而且通常只是几天。当他们返回工作岗位后，悲伤会继续影响他们的工作表现。亲人离去后，随之而来的往往是经济压力，这可谓是祸不单行。仅在美国，因悲伤导致的生产力损失就可以达到每年750亿美元。如果这些人有带薪假期，工作时间更灵活，甚至在特殊时期可以相应减少工作时间，并且能得到财务帮助，那么公司的损失就会降低，经历痛苦的员工也会减轻负担。已提供完善的健康福利、退休计划以及家庭和医疗保障的公司发现，在员工身上的长期投入会让员工更忠诚、工作更高效。提供支持，不只是同情，也是明智的举措。我非常感激脸书给了我慷慨的丧假。在戴夫去世后，我和脸书的团队一起研究，期待将这项政策推进得更加深入和完善。

在 3P 陷阱中，对于我来说最难的部分是悲伤的持久影响力。数月以来，无论我做什么，我都会感觉到痛苦无处不在。我认识的大部分经历过人生悲剧的人都说，随着时间的流逝，悲伤会慢慢消逝。他们想让我相信，总有一天，我会微笑着想起戴夫。但我根本不相信。孩子们哭的时候我会迅速想象到未来——他们未来的生活中没有爸爸了。戴夫不只是错过了一场足球比赛，而是以后所有的足球比赛、所有的辩论会、所有的假期、所有的毕业典礼，他都会错过。他也不会出现在女儿的婚礼上，他不能挽着她的手，把她交给她的爱人。永远失去戴夫的恐惧使我浑身无力。

当我们受苦的时候，便倾向于将苦难无限地投射、放大。有一项叫“情感预测”（affective forecasting）的研究，旨在对人们未来的情绪进行预测。该研究显示，我们往往过度放大了消极事件对于自身的影响。研究人员请一些学生想象自己和爱人分手两个月后的伤心程度，又请一些真正经历过分手的学生报告分手两个月后的感受。研究结果显示，真正经历过分手的学生要比仅凭想象的学生更快乐。此外，我们也会高估其他压力事件的消极影响。例如，被拒绝授予终身教职的助理教授，认为自己在接下来的 5 年内都会沮丧消沉，但实际上他并没有。某个大学生认为，如果他被分到一个自己不喜欢的宿舍，就会感觉很痛苦，实际上也没有。至少对我所在的大学里两次被分配了最差宿舍的人来说，这项研究结果确实无比正确。

正如身体自带免疫系统，大脑也有其免疫系统。当某些事情不能正常运转时，我们便会本能地启动防卫机制——就像我们认为每朵乌云都镶有金边，给柠檬加水加糖，我们总喜欢老调重弹一样。但失去戴夫之后，我什么都不能做了。每当我试图告诉自己一切都会变得更好时，脑中就会有一个更响亮的声音坚持说："不会变好的，我和孩子们永远都不会重拾快乐了，永远不会。"

塞利格曼发现，像"从不""总是"这样的词代表了持久性。就像把"抱歉"踢出我的词汇表一样，我也试图不再使用"总是""从不"，而是用"有时""近来"来取代。于是，"我总是感到很糟"变成了"我有时感到很糟"，虽然这不是最理想的状况，但已经有很大的改善了。我注意到，在某些时刻，痛苦会暂时减轻，就像偏头痛减轻了那样。既然有这些时刻的存在，那么，在陷入更深的悲痛时，我可以多想想这些轻松时刻。我开始明白，无论我感到多么悲伤，下一个痛苦减轻的时刻总会来临。这样做也帮助我重新获得了控制感。

我也尝试采用认知行为疗法，写下我认为会导致我痛苦的事情，然后证明这么想是错的。我从自己最大的恐惧开始写起："孩子们再也不会有快乐的童年了。" 盯着写在纸上的句子，我感到心如刀绞。不过，我也意识到，之前我和很多童年时期失去父母的人交谈过，证明我这个认知是错误的。还有一次我写道："我再也不会开心了。" 盯着这句话，我发现，就在那天早上，有人给我讲了个笑话，我笑了。那一分钟，我的这句话就是错的。

我认识的一位精神科医生解释说，人类在进化中就具有联结和悲伤的能力，人类有天然的工具可以从失去和创伤中复原。这一席话令我坚信自己扛得过去——既然人类进化出了应对痛苦的能力，那么悲伤就杀不死我。想到数世纪以来，人类已经历了太多的爱与失去，我知道自己和远比自身更宏大的事物联结在一起。之后，我联系了自己很欣赏的一位牧师斯考提 · 麦克伦南。我 20 多岁时，在和第一任丈夫离婚期间，曾找他咨询过。斯考提向我讲述了他 40 多年来帮助人们应对不幸的经验，他发现："当人们向上苍求助时，便有了一种被来自外界的强有力的爱包围的感觉。人们应该知道，他们并不孤独。"

但即使得到了许多人的帮助，我还是撼动不了那种强大的恐惧感，与戴夫有关的记忆和图像无处不在。最初的几个月，每天早上醒来，我都会痛苦地意识到戴夫已经不在了。每天晚上，我走进厨房，都期待看到他；意识到他已离去时，痛苦便猛然来袭。马克 · 扎克伯格和他的妻子普莉希拉 · 陈认为，如果我带着孩子去一个完全没有戴夫的记忆的地方，痛苦便会减轻，因此他们夫妇二人邀请我们去了从未去过的海滩。然而，坐在长凳上凝望着大海和天空，我仿佛看到戴夫在云层中看着我……当时我坐在马克和普莉希拉中间，他俩环抱着我，可是，戴夫还是在我眼前。

我无处可逃，痛苦像深深的迷雾，每分每秒都包围着我。我的朋友金姆·贾巴尔曾失去弟弟，她说那种感觉就好像有一层铅毯覆盖在她的脸和身体上。戴夫的哥哥罗伯说，他感觉好像被一只靴子压在胸口，他无法呼吸——这感觉比16年前他们的父亲去世时更为强烈。是的，我也无法呼吸。母亲教我用呼吸来抵抗焦虑：先用6秒吸气，屏息6秒，再用6秒呼气。我和干女儿埃莉斯的角色此时也反过来了，她握着我的手，大声数数，直至我的恐慌慢慢平息。

主持戴夫葬礼的拉比奈特·伊兹瑞对我说："向前一步吧，接受这糟糕的现实。"我说，我所倡导的"向前一步"（lean in）并不完全是其本意，但是这个建议对我很有用。多年以前，我就注意到，每当自己感到悲伤或焦虑时，常常是这些情绪衍生出来的感觉更让人不安。感觉沮丧的时候，我为沮丧而沮丧；感到焦虑的时候，我为焦虑而焦虑。C. S. 刘易斯说："痛苦的阴影，就是痛苦的一部分……只要想到自己在受苦这个事实，就已经很痛苦了。"

戴夫离世后，我产生了比以往更强烈的消极情绪——我不只是被悲伤击中，我为自己被悲伤击中而感到悲伤；我不只是焦虑，我为自己焦虑而焦虑，这是元焦虑。那些我原本从不在意的小事（比如孩子们在骑自行车上学的路上受伤）

会持续困扰我，之后，我便开始焦虑——我是不是过度焦虑了？我采纳了拉比的建议，接受了“现实确实糟透了”的事实，这很有帮助，我不再为消极情绪而惊慌，我开始有所期待。

此外，我还学习了佛陀的智慧。佛教的第一要义是：人生即苦。生老病死无可回避，尽管人生包含着许多愉快的瞬间，我们也试图去延长快乐的体验，然而，这一切终会消失。心灵导师佩玛 · 丘卓认为，接受这条要义本身，就是在减轻痛苦，因为当我们接受了苦难，痛苦也就减轻了。

戴夫葬礼后的几天，我和孩子们一起制定了“家庭新规”，我们把它贴在孩子们挂背包的地方，这样每天都能看到它。其中，“规则 1”是“尊重自己的感受”。我们约定，当悲伤的情绪来袭时，无论他们在哪里、在做什么（比如在学校），都要停下来，调整一下。这期间，孩子们经常会忍不住哭泣，这时候老师会好心地安排孩子们和好朋友一起去户外，或者安排孩子们去见相关的指导老师，帮助他们把情绪释放出来。

我给了孩子们建议，但我自己也需要这样做。“向前一步”意味着，我应接受“当悲伤到来时，我无法掌控”这一事实。我也需要哭出来——在路边，在车里，在办公室，在董事会。有时，我会去卫生间抽泣；有时，我会坐在座位上大哭。我发现，当我放弃与坏情绪抗争时，它们溜走得更快。

几个月后，我感受到，虽然痛苦之潮时涨时落，但当它们翻滚而来时，我复原得更快。对我来说，和痛苦作战就好像锻炼身体以增强耐力一样——锻炼得越频繁，心率提升后我就恢复得越快；有时在那些需要极大地挑战体力的活动中，我甚至发现自己拥有从未知晓的能力。

令人惊异的是，对我帮助最大的竟然是专注于最糟糕的事情。把事情往坏处想再容易不过，这是一条古老的犹太箴言，就像去餐馆就餐，我们往往会拒绝侍者安排的第一张桌子。但是，在最初那些绝望的日子里，我的本能便是发掘积极思维。但是，亚当却让我想想最糟的事情，他认为这是个好主意。“最糟？”我问他，“开玩笑吧？怎么能想最糟的事呢？”他的回答点醒了我：“戴夫也有可能在开车接送孩子时冠心病发作啊！”最糟的情况是，我可能会失去三个至亲！我从没这么想过，于是我开始不断感恩：孩子们还健康地活着。就这样，感激将悲痛淹没。

以前，我和戴夫在晚餐时会有个家庭仪式：我们和孩子们围坐在餐桌前，轮流分享自己当天最好和最糟的时刻。如今只有三个人，于是我又增加了第三项——每个人都要分享感恩的时刻。此外，我们还加入了餐前祈祷，大家手拉着手，感恩上帝赐予的食物，这让我们更加珍惜每一天。

感恩本身也值得感恩。有心理学家安排一组人记录每周需要感恩的5件事，另一组人记录不开心的事，第三组人记录普通事件。9周后，感恩组成员明显感到快乐程度有所增加，他们的身体也更健康。有研究表明，在经济萧条时期找到工作的人，在数十年后对其工作的满意程度更高，因为他们非常清楚找工作是一件不容易的事。记录感恩事件，不断提醒自己关注生活中的一切美好，可以提升我们的快乐指数以及健康程度。因此，每天晚上，无论多么悲伤，我都会想一想令我感恩的人和事。

我也深深地感恩我们的财务保障体系。孩子们曾问过我，爸爸去世后，我们是不是要从现在住的房子里搬出去，我的答案是“不”。这是多么幸运的一件事。对于许多人来说，意外事件（比如生病或发生车祸）可能导致他们一夜之间陷入财务窘境。据统计，在中国，还有不少人处于贫困线之下——在女性和单亲家庭中，情况更为严重。在美国，60% 的人经历过使他们无法收支平衡的事件，1/3 的人没有储蓄，处于贫困之中。此外，伴侣的去世往往会导致严重的经济问题，尤其是对于收入不高、福利也不完善的女性来说。除了失去挚爱的毁灭性打击外，丧偶的女性常常连满足生活基本需求的收入都没有。全世界约有 2.58 亿女性失去了丈夫，其中超过 1.15 亿的女性生活在贫困之中，这就是女性争取消除工资差距的一个重要原因。

我们要拥抱所有家庭，无论其家庭形式如何，我们都要为他们提供渡过难关的必要帮助。我们需要更强大的社会保障政策、更有利于家庭的商业保险，以防止意外的悲剧使这些家庭陷入更悲惨的境地。单亲家庭以及丧偶女性应得到更多的支持，而且其领导、同事、家人以及邻居，都有义务为他们提供支持。

即使不停地感恩，我仍然被痛苦折磨着。在戴夫去世 4

个月零两天后，我参加了孩子们的学校活动。第一次，我独自开车去学校。家长们先在体育馆集合，再去孩子的教室。过去，我和戴夫总是分头去儿子和女儿的教室，之后再分享彼此的感受。我们以前每人负责一个孩子，但以后再也不可能了。

那个星期，我为去哪个教室犹豫不决，到了必须做出选择的时刻，悲伤的潮水将我包围。我走向教室，握着朋友金姆的手，思忖着该怎么选。这时，电话响了，是我的医生打来的，他在例行体检时发现我的乳房 X 光片上有个可疑的点，于是立刻告知我。我的心跳迅即加快，医生让我不必担心——这一点对我非常有帮助，而且我第二天要去做超声波检查。

结果，悲伤变成恐惧，我哪个教室都没去，直接开车回家了。失去父亲后，孩子们学会了接受死亡。学校活动的几周前，女儿在晚餐时需要“哭一下”，我跟着她一起进了房间。我蜷在她身边，她触到我的项链，上面有全家四人名字的首字母。女儿坚定地说：“我要选一个。”“为什么？”我问。她说她不告诉我原因，怕我会伤心。我让她放心，她轻声说：“我选的那一个将是下一个离开的人。”顷刻间，我感到呼吸停止。然后，我握住项链说：“我来选。”我选了“S”。我告诉女儿：“我会是下一个离开的人——40 年后，我 90 多岁的时候。”我不知道这样说对不对（我把自己的年龄都算错了），我只想安抚女儿。

在我从学校驾车回家的路上，女儿的手仿佛还在抚摸着我的项链。我要怎样告诉孩子们，他们的妈妈得了癌症？如果他们又失去了我，会怎样呢？几个小时以前，我竟然还在因为选择哪间教室而压力重重！

那一晚，我的情绪很不稳定，一直在抽泣，无法陪孩子们上床睡觉。我不想刺激他们，于是让母亲陪他们入睡。后来，我妹妹也来了，我们三个拉着手，虔诚祈祷。我不知道自己还能做什么。母亲说了几句祷词，我请她不断地重复、重复、重复。

接下来的 17 个小时难熬至极，我睡不着、吃不下，甚至不能连贯地交谈。我只是呆呆地看着时钟，等待下午 1 点的就医预约。

终于，超声波检查显示是假阳性。顿时，激动之情溢满全身，我战栗着，如同过去 4 个月经历的那些悲伤令我战栗一样。忽然之间，我感恩健康，感恩生命前所未有的美好。

回头看去，我真希望自己更早了解 3P 陷阱。过去，在很多情况下，了解 3P 都会大有用处，即使在日常事务上也极有帮助。大学毕业后第一天上班时，老板让我在 Lotus 1-2-3 软件（20 世纪 90 年代非常流行的制表软件）中输入数据。我必须承认，我当时并不知道该怎么做，老板耷拉着嘴角说："我真不敢相信你连这个都不会！你是怎么得到这份工作的？"回家的路上，我想自己一定会被解雇了。当时我认为自己一无是处，但后来的事实表明，我只是不擅长数据表格。如果那时我就了解到自己并非一无是处，我就会减少很多焦虑。和男朋友分手时，我也希望有人能告诉我，心痛不会长久，这样就可以减少很多愤怒；而且，如果我对自己足够诚实，也就不会有那些感情关系了。前男友们和我分手的时候，我也希望自己早就了解了自责的含义。（很多时候，确实不是我的问题，真的是他们的问题。）

20多岁时离婚后，我所有的3P因素都存在。那时我认为自己无论做什么，都是一个彻头彻尾的失败者。再回首，正是那场失败的婚姻让我离开华盛顿特区，跨越大半个美国搬到陌生的洛杉矶。幸运的是，朋友邀请我同他，以及他的朋友共进晚餐、看电影。那一晚，我们三个人吃了快餐，看了电影《烈火雄心》。就是在看这场电影时，我第一次靠着戴夫的肩膀睡着了。

每个人都会面临失去：失去事业、爱情或生命。问题不在于悲剧及挫败何时发生，它们总会发生，我们也必须直面应对。

复原力源于每个人的内在，也源于他们获得的外部支持；复原力源于因生命中的美好而引发的感恩，也源于在挫败中学到的经验；它既来自对于悲伤的解析，也来自对悲伤的接纳。有时，你的复原力比你想象的弱一些；有时，又会强一些。

我想让你明白，当生活给你当头一棒，让你坠入悲伤之海时，你能做的就是奋力游向水面，重新呼吸。

第 2 章

房间里的大象[①]

“不，是大象在接电话。”

大多数人读大学时都有一两个室友，有些人有三四个室友，戴夫有 10 个室友。毕业后，大家各奔东西，只在特别

① 英语“房间里的大象”指所有触目惊心地存在，却被明目张胆地忽略甚至否定的事实或感受。——编者注

的日子才会相聚。2014 年春天，戴夫和大学室友相约在毕业 25 周年之际聚会，每个人都拖家带口，大家都很尽兴。他们约好第二年的 7 月 4 日还要再聚一次。

就在聚会的前两个月，戴夫离开了。

我不想去参加聚会——只要想到戴夫再也不能和大学室友聚会了，我就难过得要死。但是，我又想抓住曾经的美好，取消聚会就好像失去了戴夫的一部分。于是，我还是参加了聚会，希望通过和他的好友的相处来治愈我自己。其实，他们也同样悲伤。

聚会的一切都很完美，只是最后一天，我和几个室友坐在一起吃早餐，其中有杰夫·金，他早些年被诊断出患有多发性硬化症。戴夫以前和我多次讨论过杰夫的病，那天早上，我突然意识到自己从未和杰夫聊过他的病情。

“来吧，大象。”我心里想。

“杰夫，”我说，“你怎么样啊？我的意思是，说实话，你的身体还好吗？你感觉如何？你感到恐惧吗？”

杰夫有点儿吃惊地看着我，之后静默了很长一段时间。稍后，他含着泪水说：“谢谢你，谢谢你的关心。”他谈起自己的治疗方案，说起他不得不停止用药的沮丧、病情恶化对孩子们的影响、对未来的担忧，还说与我们沟通让他感觉轻松多了。早餐结束后，他紧紧地拥抱了我。

戴夫去世后的最初几周，对于那些见面时从不问我近况的朋友，我感到震惊。第一次遇到这个情况，我以为对方就是个不会关心别人的人。每个人都有这样的朋友，就像蒂

姆 · 厄本在博客里写的："你会辞职，你会恋爱，你会发现新爱人欺骗了你，你会以不可思议的消极情绪忽视这一切。没关系，因为那些没有问题的朋友不会和你讨论任何事，他们永远、永远、永远不会问及你生活中的任何事。"有些时候，这类朋友只是沉溺于自我；有些时候，他们只是在谈论私密话题时感到不自在。

但是，这些朋友不问我过得好不好，我确实不能理解，我感到自己被忽视了，就好像我站在他们面前，他们却视而不见。我们看到朋友缠着绷带时，一般都会立刻问他："怎么了？发生了什么？"如果你的脚踝粉碎性骨折，大家总要听听来龙去脉；但是，如果你的生活支离破碎，他们却有可能闭口不提。

一次，我去一位好朋友家吃晚餐，其间她和她丈夫只是轻描淡写地和我聊了几句。我心里暗暗地说："你们说得对，金州勇士队势不可当！可是你们知道真正热爱这支球队的是谁吗？是戴夫。"有时，我也会收到朋友邀请我去他们所在的城市演讲的邮件，没人理解旅行对于那时的我来说是多么困难。"哦，只在外面过一夜？是的，我要看看戴夫能不能起死回生，哄孩子们上床睡觉。"有时，我还会在附近的公园遇到朋友，大家都在谈论天气。"是的！戴夫去世后一直下雨，真诡异！"

直到有一次和杰夫一起吃早餐，我才知道，原来自己有时也是那种逃避痛苦谈话的朋友。过去，我从未直接询问过他的健康状况，并不是因为我没把他放在心上，而是因为我怕让他沮丧。直到失去戴夫，我才明白这样的想法有多愚蠢。对我来说，我不可能主动提醒杰夫他患有多发性硬化症，但每一天、每一分钟，他都清楚自己的病情。

而且，即使是那些经历过最痛苦的不幸的人，也有倾诉的欲望。梅乐·萨佛斯坦是我母亲的好友，她曾在南佛罗里达州大屠杀文献教育中心担任教育总监。她曾和500多位幸存者共事过，她记得其中只有一人拒绝开口谈论自己的经历。“根据我的经验，大屠杀的幸存者非常希望有机会向他人倾诉，他们的经历你无法想象。”梅乐说。而且，如果朋友拒绝表达对你的关心，还会令你的创伤加剧。为了促进交流，梅乐发起了大屠杀的幸存者与高中生和大学生交流的活动。她注意到，学生们有了这样的机会后，便一个接一个地提问。梅乐说：“我听见他们问，‘您在集中营吃什么？您相信上帝吗？’年轻姑娘常常会问，‘你当时有生理期吗？在生理期时你怎么办？’这些问题并不侵犯隐私，而且充满了人情味儿。”

回避感受并不是在保护他人的感受。梅乐回忆起她和表弟去拜访一对老夫妇时，看到他们家的墙上挂着两个孩子的黏土手印。会面时，老夫妇只谈起了一个女儿。拜访之前，曾有人告诉她的表弟不要问起另一个已逝的女儿，以免他们伤心。但梅乐不知道这个“警告”，于是她问起了第二个手印。当时，她的表弟有些紧张，但老夫妇却温柔详尽地谈起女儿。“他们希望女儿被人记住。”梅乐说。

失去子女的父母常常会和他人分享他们的感受。作家米

奇 · 卡莫迪的儿子9岁时死于脑瘤，他说："如果没有人提起儿子的名字，那么他相当于又死了一次。"这就是全美最大的慈善组织之一"慈悲之友"（The Compassionate Friends）鼓励失去孩子的家庭经常公开讲述自己的经历的原因。

人们避免谈论令人悲伤的话题是如此普遍，以至于这种情形甚至都被安上了一个名字。数十年前，心理学家用"缄默效应"（mum effect）定义人们避免谈论坏消息的情形。例如，医生会在告知患者检查结果不乐观时踌躇不已，而管理者总是拖到最后一刻才告诉下属被解雇的消息。我的同事、脸书全球多元化部门主管麦克西恩 · 威廉斯告诉我，许多人在面临与种族有关的事情时都会出现"缄默效应"。"在一位未佩枪的黑人因警察要检查他的持枪许可而被击毙之后，那些看过相关新闻的白人、住在黑人社区的人，甚至是我们办公室的同事，都没有发表任何言论。"马克西恩说，"人们对待种族受害者就像对待丧亲的人一样，沉默得可怕。身处悲痛时，你应清楚两件事：表达自己的感受并不疯狂，以及你可以提供支持。装作什么都没发生过一样，对他们来说就是对事实的全然否定。"

保持沉默，常常会加深家人、朋友以及同事间的隔阂，即使是在一般情况下，保留自己的想法也会让他人感到不舒服。在一项实验中，受试者中有1/4的女性和2/3的男性宁可选择接受电击，也不愿独自待上15分钟。沉默会加剧痛苦。至于我自己，只有在和亲友谈起戴夫时，我才会感到舒服。一些朋友和同事会给我创造一个主动敞开心扉的环境，心理学家称他们为“接纳者”（openers）。接纳者和没有问题的朋友不同，他们会提问，而且不带任何评判地聆听；他们享受和他人联结的感觉。在危急时刻，接纳者会创造出完全不同的环境，尤其是对于那些特别脆弱的人来说。

我从未想过自己也有分享障碍。和最亲密的朋友在一起，我一直是什么话题都愿意聊聊的那个人。我会问朋友：“你喜欢他吗？他的吻功如何？”工作时，我总是不断地要求他人的反馈，却经常听人说我要的反馈太多了。但是，处于悲痛中时，我却不愿意用自己的问题困扰他人，也不愿意提到戴夫，除非大家真的想谈起他。

接纳者并不总是你最亲密的朋友。经历过悲剧的人往往会向正在经历悲剧的人表达更多的同情，作家安娜·昆德伦发现，人们会与“彼此认同”的人互诉悲伤。有调查表明，退伍军人、性侵受害者，以及失去子女的父母，往往会从和自己有相同经历的人那里得到最多的支持和帮助。梅乐告诉我，大屠杀的幸存者来到美国后，“他们感到孤独，因此彼此联结，这就是幸存者俱乐部存在的原因。真正理解他们的人，都是有相同经历的人”。

这一点非常正确。洛杉矶的朋友科林·萨默斯在戴夫的葬礼上见到我时，他没有说“节哀顺变”，他说的第一句话是：“我4岁时，父亲去世了。”“哦，太好了！”我的第一反应竟然是这样，接着我赶紧说：“我不是说这件事太好了，而是你现在的样子太棒了！你给了我希望！我希望我的孩子们也能像你一样。”他拥抱着我说：“我明白你的意思，相信我，你的孩子一定比你想的更坚强。”这种情形并不是我最舒心的社交体验，但是在那样糟糕的一天，他的话让我感觉很好。

之后，我仿佛加入了一个“至亲已逝”俱乐部。说实话，没有人想加入这样的俱乐部，在被动地加入之前，我甚至不知道它的存在。戴夫去世 9 天后，我去参加女儿的足球比赛。我看到，女儿朋友的 70 岁的祖母约瑟芬 · 谢泼德身边有一把空椅子——几十年前，约瑟芬的丈夫去世了，留下两个年幼的孩子。我本能地意识到那把空椅子是留给我的，于是我坐下来。我们没说几句话，但我知道，她理解我。还有一次，在脸书合作者的早餐会上，一位我从没见过的客户告诉我，他刚刚失去了弟弟。我们站在角落里，彼此温暖。

许多人（包括我非常亲密的朋友）都没有失去至亲的经历，他们不知道该跟我和孩子们说些什么。他们的不适感包围着我，令我更加不安。因为房间里的“大象”无人知晓，我们只能任由“大象”慢慢靠近，践踏我和朋友们的关系。想想看，若是朋友们不询问我的感受，就说明他们不关心我吗？难道他们看不到“泥泞的大脚印和成堆的粪便”吗？

亚当认为，一些人其实愿意交流，但他们不知该从何谈起——我对此并不确定。当朋友问我“你怎么样”时，我认为这是程式化的问候，而非真切的关怀，我只想大叫着回应：“我的丈夫刚去世，你觉得我会怎么样？”我不知道该如何回应。这就像林肯遇刺后，你问：“林肯夫人，这场剧好看吗？”

放眼世界，人们在表露消极情绪时大都会面对来自文化的压力。在中国和日本，理想的情感状态是冷静和克制。在美国，人们习惯于激动,（“哦，天哪！”）及表达热情（哈哈大笑）。心理学家戴维·卡鲁索说：“在美国文化里，‘你怎么样’的答案不只是标准回答‘很好’，你需要回答‘好极了！’”他又补充说：“似乎存在着某种强大的驱动力，让人们不断隐藏自己的真实情感。”承认自己过得不太好“是不合时宜的”。

安娜·昆德伦用更诗意化的方式表明了同样的立场：“悲伤，对世人轻语，却内在喧哗。悲伤不可言说，甚至超越性、超越信念，超越终极的死亡。人们视而不见，悲伤只在葬礼上昙花一现。”

如影随形的大象，出现在办公室。我一向对同事很友善，尤其在脸书——我们公司的使命就是让世界变得更开放、更联结。我们的企业文化也是开放型的，所有人都坐在开放的工位上，每个人都可以轻松地找到其他人。员工之间的交流频繁且公开，即使是私人谈话也是如此。

我处理完戴夫的后事再回到办公室时，感到怪怪的——我发现，一切都和原来不一样了。我一直鼓励大家全情投入，但此刻我的“全情”只是悲伤。和朋友谈论戴夫不是件容易的事，在工作场所谈论更不合适，因此我闭口不谈，同事们也三缄其口，我和他们之间大部分交往都是冷冰冰的，遥远而疏离。在脸书园区散步时，我觉得自己就像一个幽灵，既可怕又虚无。实在熬不住的时候，马克·扎克伯格的会议室成了我的庇护所。我告诉他，我担心和同事间的联结会消失殆尽。他理解我的恐惧，但他坚持认为我误读了同事们的反应。他说，大家都想和我亲近，只是不知道该说些什么。

失去戴夫带来的孤独因日常琐事渐渐加深，我的感觉越来越糟。我就像一只背负着填满负面情绪的大象，无法确定是否有人感受得到。我知道大家已经尽力了，即便有人什么都不说，他也是在避免给我带来更多的痛苦，而那些说错话的人则是要试着来安慰我。我看到自己做了很多尝试，如果角色调转，我也会这样对待他人。过去，当朋友陷于痛苦的时候，我会尽最大努力，用乐观感染他们。我在房间里看到的灰色动物不是大象，它更像是只老鼠。现在我意识到，那只是自己的美好愿望，甚至越发让我感到不被理解。

传统犹太教为逝去配偶的哀悼期会持续30天。那个月快结束的时候，我在脸书上分享了自己的感受。我在帖子中描述了自己的情绪，当时我并没有想把帖子发布出去——我认为它只是草稿，而且太个人化，过于真情流露。但后来我想，未来不可能更糟了，也许明天会更好。在那天早上改变主意之前，我轻点了“发布”键。

帖子内容从我陷入空虚开始，我写道，“这是人生中第一次，我开始明白祈祷的力量——在我还活着的时候，别让我死去”。我学着紧抓生命线，突破空虚，寻找人生的意义。感谢家人和朋友，是他们陪我熬过最艰难的那几个星期。接着，我描述了与朋友及同事面对面交流是多么困难，即使是很平常的问候（比如“你好吗？”）都会伤害我，因为它意味着有不幸发生。我指出，如果对方总是问我“你今天好吗”，这就表明他们很清楚我每天都很痛苦。

帖子立刻产生了回响。朋友、邻居、同事开始谈论“大象”的存在，邮件也纷至沓来：“我知道你有多难，我一直惦记着你和你的孩子们。”

来自全世界陌生人的反馈让我不再孤单。一位刚做了母亲的女性从新生儿重症监护室写来邮件，她刚刚失去了新生双胞胎中的一个，但她积聚力量，想给存活下来的另一个孩子创造美好的未来。一位年轻人在结婚三周年的那一天分享了自己婚礼的照片，但他的妻子已经去世了，这件事改变了他，让他立志帮助更多的女性。这些网络上的陌生人彼此慰藉着。一位失去了新生儿的母亲给有同样经历的女性提供了建议；数十人给那位失去妻子的年轻丈夫写下了鼓励的话语；还有许多人将自己朋友经历过的不幸发布在网上，来表示支持。有人表达同情，有人分享故事，他们传递的信息都是明确的，正如一位先生在帖子中所说：“即使没有选择 A，我们也不孤单。”

并不是每个人都愿意公开谈论自己的不幸，每个人都有选择在何时、在何地表达情感的权利。然而，有力的证据表明，对所经历的悲剧事件敞开心扉，有助于提升一个人的心理健康以及生理健康水平。跟朋友或家人聊聊，能帮助悲伤者了解自己的情绪，并且感到被理解、被关怀。

我发布帖子后，一个可喜的变化是，“你今天怎么样”这句话似乎已成为表达同情的简便方式；这也让我意识到，我经历的所有痛苦都不会是永久的。亚当认为，我总是对“你今天怎么样”回答“很好”，这样就无法让对方继续提问。他说，如果我希望他人对我敞开心扉，那么我也需要对他人坦诚相见。于是，我开始直接地说出自己的想法：“我很不好，我想我应该跟你坦诚地表达我的感受。”我学会了这种方法。即使是很微小的事，我都会让大家知道，我需要帮助。当他们拥抱我、问候我的时候，如果我能更紧地拥抱他们，他们就会知道，我并不好。

和几个没有问题的朋友在一起的时候，我直接说出了他们的问题所在。之前我常常声泪俱下、鼓起勇气向他们倾诉，但他们都不提问，这会让我误以为他们不关心我。现在，他们都善意地回应我，感谢我说出自己的真实感受。后来，他们开始提问了，就像我和戴夫的室友杰夫那样交流。如果朋友们抱着真诚沟通的意愿，一直问“你好吗”，而我却没有给出真实的反应，那么他们也不会再继续问更多的问题了。

最终，我明白了，大象和我如影随形，我能在知道它的存在后做出努力。在工作中，我让最亲密的同事问我问题——任何问题都可以，有什么感受她都可以说出来。一位同事说，当我在他身边时，他就会感到紧张，担心自己会说错话。另一位同事说，她常常开车路过我家，却不确定是否可以敲门。在她得知我很愿意和她交流之后，她终于按响了门铃，走进我家。看到她，我很开心……不只是因为她顺路带来了星巴克咖啡。

许多时候，我的确想逃避真实的谈话，比如在孩子面前、在会议开始之前。很多人对我说："你想谈的时候，就来找我，我都在这里。现在、以后，甚至是午夜，无论何时，只要能帮到你，我做什么都行。"这些话让我很感动，我不必再去考虑他们是否愿意和我交谈，我只需敞开自己，看看他们是否接受，就是最好的方式。

死亡并非生活中的唯一逆境，任何让我们有所损失的事情，都会令我们无所适从，例如财务危机、离婚、失业、被强奸、药物成瘾、监禁、疾病等。亚当告诉我，十年前，他和妻子艾莉森想去英格兰做访问学者，但当时艾莉森突然流产。他们本想取消计划，又觉得换换环境会让艾莉森更快地恢复。由于担心给亲友带来负担，所以他们没有宣布这个坏消息，但艾莉森之后再一次流产了。于是，有精神医学背景的艾莉森告诉亚当，当可怕的事情来临时，预见到未来可能会更糟非常重要。他们想起一位亲密的朋友在生下一个健康的宝宝之前，曾流产过 7 次；他们也讨论过，第三次流产会让他们极度崩溃。经过两人的充分沟通，他们发现痛苦减轻了。之后，艾莉森开始和朋友们分享流产这个话题，她发现好几个朋友都有类似的经历，她们之前却从未提起过。

把你的想法坦然说出来可以增强你和他人之间的联结，但在某些情况下，这样做也会有风险。安东尼 · 奥坎波是他所在的大学中极少数的菲律宾裔员工之一，他向我们讲述了自己的感受："成为菲裔社区的代表，为我成就美国梦带来了巨大的压力。”他还有个额外的压力，这个秘密他从未对人提起：“我父母都是虔诚的天主教菲裔移民，有个同性恋儿子可不在他们的计划内。”安东尼是一名社会学教授，他研究的课题是移民家庭面临的挑战。他在实地采访中结识的一个十几岁的同性恋菲裔少年说，他看到母亲把他用过的水杯丢掉，因为她“认为这个杯子很脏”。当另一位菲裔男孩把自己的性取向告诉家人后，家人把他赶到了墨西哥，他的家人认为，“没收他的护照，这样他就能老老实实待在那里学习如何做个男人”。

安东尼看到了美国移民父母的矛盾心理——他们了解被他人排斥的痛苦，但又把同样的痛苦施加到自己的同性恋孩子身上。在安东尼告诉父母自己是同性恋时，他也分享了自己的研究发现——当一个家庭拒绝接纳自己的孩子时，会给孩子带来怎样的伤害。“孩子们会从药物、酒精以及不安全的性行为中去寻找接纳感。”安东尼说，“他们会一直记得被家人抛弃这个事实，这也会影响他们未来的生活。”在安东尼细致耐心的劝导下，他的父母终于能够接受他了。如今，每逢节假日，安东尼都会叫他的伴侣和家人一起欢度，打破沉默让安东尼一家人联结得更紧密。

癌症是另一个“绝对禁言”，或是“只能低声谈论”的话题。我读过作家艾米莉 · 麦克道尔的文字，她说当她被诊断出淋巴瘤后，最让她难过的不是化疗时的痛苦，也不是脱发的恐惧，而是“孤独感和分离感”。她说：“许多要好的朋友和亲戚都消失了，因为他们不知道该跟我说些什么，他们怕自己说错话了却不自知。”艾米莉为此创造了“情意卡”（empathy cards）。所有情意卡的设计我都喜欢，下面这两个是我的最爱，它们让我笑中带泪。

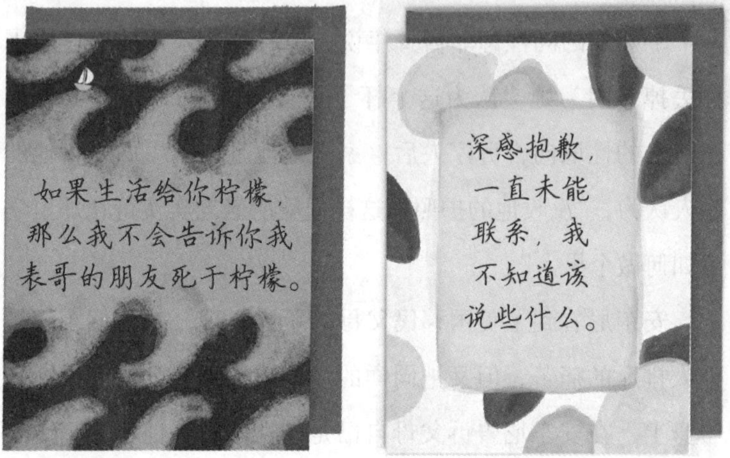

我第一次读艾米莉的卡片，回想起一位得了晚期癌症的朋友，他认为大家说的最可怕的一句话是：“一切都会好的。”他说，这句话会一直萦绕在他的脑海里——“你怎么知道一切都会好的？你不知道我会死吗？”我又想起戴夫去世的前一年，我的一个朋友被诊断出了癌症。当时，我认为最好的安慰方式就是让她相信“一切都会好起来的”。在接下来的几个星期，我闭口不谈这个话题，我认为，如果她想谈就自然会主动提起的。

那时我以为自己是一番好意，但现在我更了解这句话意味着什么。最近，又有一位同事被诊断出患有癌症，我的处理方式完全不一样了。我说：“你不知道未来会发生什么，我也不知道。但是，你不会一个人经历这些，未来的每一步我都会陪着你。”我这样说是让她知道，我明白，她正面对着极大的压力和恐惧。之后，我还定期探访了她，去安慰她。

有些时候，尽管我们抱有美好的愿望，却仍会搞砸。美国广播公司新闻主持人戴安·索耶在丈夫迈克·尼克斯去世后重返工作岗位。她在乘自动扶梯上楼时，遇到一位搭扶梯下楼的同事朝她喊：“节哀顺变！”幸好两人去往不同的方向，因此戴安没有回应。

“面对悲剧时，你会发现自己身边没有人了，你被陈词滥调包围着。所以，我们应该用什么来取代‘任何事情发生，都有它的道理’这样的说辞呢？”作家蒂姆·劳伦斯问

“我就在房间里，却没有人留意到我”。

道。他认为，“最好的方式就是表示理解，你可以说：我了解你的痛苦，我就在你身边”。直到我们真正地相互理解了，大象才会消失。如果没有他人的理解，处于悲伤之中的人就会封闭自己，本可以进行安慰的朋友又会让彼此间产生隔阂。因此，双方都向前一步，怀有同理心，坦诚地交流，就是一个很好的开端。你不能期望大象自动离开，但是你可以说：“我看见了，我看到你在受苦，我真的在意你。”当然，最理想的状态是，不要站在电梯上大声喊。

第 3 章

友谊的“白金法则”

多年前，8 月的某个早晨，时值亚当在费城任教的第一个学期，学生欧文 · 托马斯脚步沉重地走进教室。欧文身高 188 厘米、体重约 110 公斤，他还被宾夕法尼亚大学橄榄球队选为防守前锋，不过，身材可不是让欧文引人注目的唯一原因——他的头发是橘红色的，从远处看好像顶着一团火。亚当坐在后排，他本应留意到欧文的，欧文习惯于早到，并且经常提出一些引人深思的问题。

欧文咧着嘴，随和地向每个同学介绍自己。随后在关于谈判的一个单元里，学生们被分成不同的小组，购买或出售虚拟业务。结果，欧文的成绩在整个班级最糟，他不愿意拿他不需要的虚拟货币，甚至一分钱他都不想要，因此，他等于是把自己的生意拱手相送了。12 月，在同学们评选“最具合作性的谈判者”时，欧文以压倒性票数赢得了该称号。

次年 4 月，欧文自杀了。

欧文自杀前两个月，曾去亚当的办公室寻求帮助。一向积极乐观的欧文，那天看上去却有些焦虑。他说自己正在寻找实习机会，亚当给他提供了一些建议。后来欧文再没出现，那是他们最后一次谈话。回顾那次会面，亚当觉得自己太失败了，他竟然没发现欧文的问题已经极为严重了。葬礼后，亚当回到家，问妻子艾莉森他是不是应该放弃教职。

尸检结果显示，欧文的大脑有明显的慢性创伤型病变（chronic traumatic encephalaopathy，简称 CTE）的迹象。医生们确信，这种疾病部分是由于脑部持续受到撞击导致的。慢性创伤型脑部病变会导致严重的抑郁，并且，它被认为是一些橄榄球运动员自杀的原因。欧文当时是被诊断出患有慢性创伤性脑部病变最年轻的球员，也是第一个没有脑震荡病史的自杀球员。在了解到 CTE 诊断结果后，亚当的自责和愧疚减轻了些，同时他开始思考，怎样给那些苦苦挣扎的学生提供更多的支持和帮助。然而，每年秋季都会有数千名新生入学，亚当需要找到一种方法，能够让自己在同一时间和许多人产生联结。之后，亚当从噪声中获得了灵感。

在关于压力的经典实验里，受试者会按要求执行一些需要专注的任务，比如智力游戏。在游戏进行的过程中，会时不时突然响起令人不悦的巨大噪声。此时受试者开始流汗，心跳加剧，血压飙升。他们挣扎着集中精力，却出了错。许多人会变得心烦意乱，以至于放弃任务。为了寻找可以减轻焦虑的方法，研究者给其中一些受试者提供了逃离的机会——如果噪声变得让人心烦，受试者可以按下一个按钮，以停止噪声。果然，按钮让受试者变得更平静，出的错少了，愤怒程度也降低了。这种结果并不令人惊讶，但事实是：没有一个受试者真的按下了按钮。噪声的消失并不是令受试者发生变化的真正原因，知道自己掌控着令噪声消失的按钮才是真正原因。按钮的存在，让受试者有了掌控感，也提高了他们忍受压力的能力。

可见，当人们处于痛苦中时，他们需要有一个“按钮”。欧文自杀后，亚当开始在每一门本科课程开始的第一堂课上，在黑板上写下自己的手机号码。他要让学生知道，如果他们需要他，可以随时找到他，任何时候都可以。当然，学生们很少会用到这个号码，但是在年轻学生的精神健康堪忧的今天，这个号码给他们提供了一个额外的“按钮”。

当我们亲近的人面对不幸时，我们如何给他们一个可以按下去的“按钮”呢？我们愿意向朋友提供帮助，使其顺利渡过难关，然而有很多拦路虎阻碍在前。通常，我们在面对他人的痛苦时，会有两种完全不同的情感反应：一种是共情，它激励着我们为他人提供帮助；另一种是悲伤，它让我们对他人的不幸避之唯恐不及。作家艾伦 · 拉克因一次罕见的意外突然瘫痪，之后他看到了这两种情感反应。“有些朋友每日来访，他们带着汉堡或三明治、阿尔弗雷德 · 希区柯克的全套电影，或者只是善意；而另一些朋友，却奇怪地消失了。”他写道，“这是我第一次意识到，我的新境况不只给我自己带来了恐惧，也会令他人畏惧。”对于那些消失的人来说，艾伦的身体瘫痪促发了他们的情感瘫痪。

当听说我们的亲友、熟人失业，开始做化疗，或是正在处理离婚事宜时，我们的第一冲动往往是“我要关心他”。在冲动过去后，犹疑往往会占据我们的大脑——“我要是说错话了怎么办？”“要是和她谈起这件事，却让她产生了自我怀疑，该怎么办？”“如果我越界了怎么办？”犹疑一旦产生，就会伴随诸多借口，比如“他的朋友不少，而且我们也不是很熟”，“她一定很忙，我不想打扰她”。然后，我们会推迟拜访和提供帮助，直到被内心的罪恶感包围……可是到那时，一切都晚了。

我认识的一位女性，在她 50 多岁时，丈夫因癌症去世。丈夫去世前，她每周都会和一位朋友通电话；丈夫去世后，她和朋友的通话突然终止了。差不多一年后，寡居的她打电话问这位朋友：“为什么这么久没有你的消息？”“哦，”她的朋友解释道，“我想等到你感觉好一些时再联系你。”这位朋友不知道，拒绝给予他人安慰实际上会加深对方的痛苦。

阿莉希亚 · 本尼特在最需要安慰的时候，却经历了痛苦。阿莉希亚读高中时，运营着一家为非洲贫穷而战的非营利组织的分支机构；读大学时，她决定继续完成这个使命。于是，她联络了一位大学非营利组织的管理者，并相约在阿莉希亚的宿舍见面，探讨该项目的运作。当这位管理者发现宿舍里只有阿莉希亚一个人时，便强奸了她。

之后，陷入痛苦的阿莉希亚患上了抑郁症，她去找大学里最好的朋友。“从前，我们亲密得像一个人。”阿莉希亚说，“但是当她知道我被强奸后，便说：‘我不能跟你说话。’”阿莉希亚转而向其他朋友寻求支持，也得到了类似的回应，其中有一人甚至说：“我知道这件事对你来说很难扛过去，可是这对我来说也很难扛过去。”这位朋友为自己没能阻止强奸的发生而产生了内疚感，并深深自责。阿莉希亚安慰这位朋友，说这不是她的错，但这个朋友却不愿和她交流，在对阿莉希亚同情或逃避中，她选择了逃避。

“被强奸这件事让我感觉糟透了，”阿莉希亚说，“当我决定报案时，我很紧张，充满压力。这是个相当富裕的社区，居民大多是富人和白人，但我是个黑人，我感到恐惧。同样令我伤心的，是朋友们的反应。我太无助了！”幸运的是，阿莉希亚高中时的朋友们都来到她身边安慰她。之后，阿莉希亚转入了另一家大学，在新同学的帮助下，她慢慢恢复了。阿莉希亚在“向前一步”社区网站上分享了自己的故事，她鼓励其他强奸受害者也要勇敢地说出事实。她写道，现在的她坚定地追求自己最初的目标，并且成功了——大学毕业后，她得到了一份自己热爱的工作，一份与中东事务和安全相关的工作。

对于那些在我们面临困境时转身离去的朋友来说，让自己远离痛苦是一种自我保护。他们看到陷入不幸的朋友，也许会下意识地担心自己也会感同身受；而另一些人则会被自己的无力感压垮，他们觉得自己什么也说不了、做不到——既然无助于局面的改善，那么就什么都不说也不做了。然而，我们从压力实验中得知，噪声消失并不是减轻压力的关键因素，按钮的存在才是关键。因此，只是简简单单出现在需要帮助的朋友面前，这对他来说则意义非凡。

我很幸运，被爱我的亲友包围着，他们不仅陪伴着我，还常常在我自己意识到之前就知道我需要什么。第一个月，母亲留在我家帮我照顾孩子……当然，她也在照顾我。漫长的夜晚，母亲都会躺在我身边，抱着我，直到我哭着入睡。我从未要求她这样做，但她做了。她离开我家的那一天，我妹妹米歇尔来到我家，接替母亲的角色。之后的 4 个月里，米歇尔每周都会来我家住几个晚上，她有事来不了时，也会确保有其他朋友在我家。

突然间需要很多帮助，这对我来说感觉很糟，可是，只要踏入我和戴夫的卧室，我就会有种窒息感。上床睡觉成了“一切都改变了”的一种标志，整个白天的悲伤和焦虑积聚到那个时刻，我知道我不得不孤独地爬上床。家人和朋友夜复一夜地陪伴着我，他们让我知道，当我需要他们时，他们一直都在。他们就是我的“按钮”。

好友和家人让我相信，他们真心想帮我，我的压力也因此减轻了不少。每一次我让米歇尔回家，她都坚持说，除非确认我睡着了，她才会回去休息。弟弟戴维每天都会从休斯敦打电话给我，他坚持了 6 个多月。我向他表示感谢时，他说这么做是为了他自己，因为和我通话能让他感到安心。我渐渐明白，有时关爱意味着当他人受伤时，你必须陪伴他，否则你无法安心地待在别处。

持续不断的支持对我很重要，但这对其他人也许没那么重要。一位同样失去丈夫的女性说，起初她害怕一个人待着，她母亲陪伴了她两个星期。她十分感激母亲，但她说：“一个月后，我就已经恢复了。”

我们通常很难理解甚至想象他人的痛苦。当我们自己并没有处于那种身体或精神上的紧张状态时，我们就会低估这种状态的影响力。在一项实验中，受试者被要求把胳膊放入一桶水里，并想象如果在冰冷刺骨的房间里待上 5 个小时会有多痛苦。有些受试者被要求把胳膊放在冰水桶里，他们认为，待在冰冷刺骨的房间里比胳膊放在装满温水的桶里，痛苦程度高 14%。然而，当受试者把胳膊从冰水里拿出 10 分钟后，他们对于痛苦的预测程度和胳膊放在温水中的受试者一样——一旦离开冰水，即使只是几分钟，他们就不知道寒冷是什么滋味了。（令人欣慰的是，在现实中很少有人会把自己的胳膊放在冰水桶里。）

没有一条路只通向悲痛，也不止有一条路通向舒适。对某个人有效的方法并不一定适合另一个人，甚至是在某一天奏效的方法，到了第二天也有可能会失效。在我成长的过程中，我学会了遵守黄金法则：“你希望他人怎样待你，你就要怎样对待他人。”可是，在他人经历痛苦时，我们应该遵守“白金法则”（而不是“黄金法则”）：“按照他人希望被对待的方式对待他。”从身处压力的人的行为中获得密钥，然后表示理解，更好的方法是，在行动上给予回应。

在我努力靠自己处理家庭事务和工作事宜的时候，朋友和同事都会关切地问我："我可以为你做些什么吗？"面对真诚的他们，我没有回答这个问题。我当然希望得到他们的帮助，但是张口求助对于我来说是很难的一件事。而且，我脑海里的许多想法其实都是过分的要求——"你能保证我和孩子们在任何一个假日都不会孤单吗？""你能发明时光机，让我回到过去跟戴夫说再见吗？"

作家布鲁斯·法伊勒认为，问题在于我们主动"做些什么"。他写道："尽管出于好意，这个无意识的举动也会加重受苦之人的负担。什么都别问，去做些什么吧。"布鲁斯认为，你可以给离婚后搬出家门的朋友送上包装纸箱，或是给刚刚因火灾失去房子的亲友办个"告别火灾派对"（这个点子是从"告别单身派对"衍生而来的）。我的同事丹·莱维告诉我，他儿子生病时，他在医院陪护，一个朋友发来短信："汉堡里你不喜欢加什么东西？"丹很感激这位朋友。"他没有问我是否需要食物，他帮我做选择的同时，又给了我'说了算'的尊严。"另一位朋友给丹发短信说，如果他需要，她会给他一个大大的拥抱，而且一小时内她就会出现在医院大堂，无论丹是否下楼，她都会在。

特定的行为是有帮助的，因为这些行为没有试图去解决问题，它们只是把问题导致的伤害表达出来。"生命中的某些事你是没有办法解决的，只能带着它们生活，"治疗师梅

根 · 戴文如是说。即使像握住某人的手这一微小的举动，都能帮助这个人。在一项心理实验中，研究人员安排一些十几岁的女孩在公共场所进行即兴演讲，让她们处于压力情境中。当这些女孩的母亲握着她们的手时，身体接触便能消除部分紧张感，实验证明，女孩们流汗少了，而且她们的心理压力被转移给了她们的母亲。

这种效应引起了我的共鸣。戴夫去世四天后，我在他的葬礼上致悼词。起初我认为这是不可能完成的事情，但是孩子们希望我能说些什么，我也觉得我要让孩子知道他们的妈妈做得到。那天，我妹妹米歇尔站在我身边，紧紧地抓着我的手。当时我根本不知道上述关于母女联结的研究，但是米歇尔的手给了我勇气。

戴夫一直是我内在力量的源泉——他不只是我的“按钮”，他也是许多人的“按钮”。如今，他的朋友和家人该去哪里寻求支持呢？心理学家苏珊 · 希尔克的观点非常有帮助，她发明了“圆环定理”（ring theory）。在这个定理中，苏珊建议，先写下处于悲剧中心的那个人的名字，然后画一个圆环把名字包围其中。再在外围画一个更大的圆环，在第二个圆环里写下受悲剧事件影响仅次于第一个人的名字。接下去，再根据受影响的程度持续画圆写名字。希尔克在写给调解师巴里 · 高得曼的信中说：“画完时，你就有了一张牢骚顺序图。”

亚当给我画的前四个圆环是这样的：

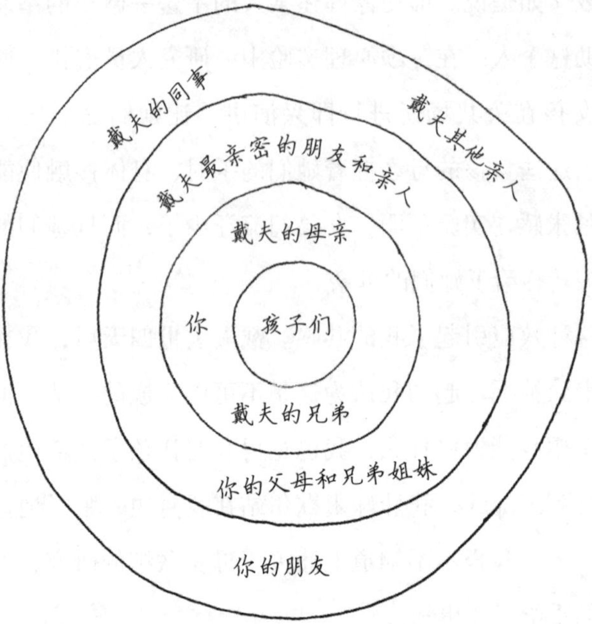

无论你处于圆环中的哪个位置，你都需要给予他人安慰，并向他人寻求安慰。这意味着，你要去安慰比你更接近圆环中心的人，并且向比你离圆环中心更远的人寻求安慰。

有时，我会向处于外环的人寻求帮助，但有时，我却惧怕接受帮助。葬礼后一周左右，我去观看儿子的橄榄球比赛。当时我正处于最初的深痛阶段，我环顾四周想找个座位坐下来，却看到了许多正专注观看儿子比赛的父亲。是啊，戴夫再也不会来看儿子参加橄榄球比赛了。就在我压低头上的棒球帽以掩饰流下的眼泪时，我看到我的朋友凯蒂和斯科特·米蒂克夫妇向我挥手，示意我到他们那里去——他们在草坪上铺了张毯子。早些时候，他们说要和我一起观看比赛，因为他们也要照顾自己的孩子，所以我告诉他们不必了。但看到他们向我挥手的那个瞬间，我感激涕零，真庆幸他们没听我的话。接着，夫妻二人分别坐在我身边，握着我的手。我是为了儿子来到这里的，他们是为我来到这里的。

当然，有些经历了悲剧事件的人只想蜷缩身体，躲在自己的圆环里。我在洛杉矶的一位朋友的独生子在车祸中去世，她彻底崩溃了。朋友们邀请她共进晚餐，她最初的反应永远是拒绝，而悲剧发生之前她十分喜爱社交。后来，朋友们给她施压，她也强迫自己接受邀请外出。在约会的前一天，她又想取消，但她不停地提醒自己：“取消只不过是逃避的方式，你必须去！”

我也曾身处类似的情感拉锯战之中。我痛恨求助，痛恨自己竟然需要他人的帮助，并且不停地担心自己会成为他人的负担，怕自己有情感依赖。安全感的缺失折磨着我，我甚至动了念头，准备创办一个名为“害怕麻烦他人”（People Afraid of Inconveniencing Others）的互助小组。直到我意识到，如果每个人都担心给别人带来麻烦，那么这个小组就永远不会有人加入，这才作罢。

过去，我对友谊的定义基于我对他人的给予：事业的建议、情感的支持、推荐老牌电视节目（戴夫会说这是“坏节目”）。如今，一切都变了，我竟然需要那么多帮助，我觉得自己是负担……事实上我就是个负担。我开始明白，友谊不仅在于给予，还在于你可以从中得到些什么。

可是，我认识的每一位经历过不幸的人，都悲伤地承认，总有些朋友不能如你所愿熬过难关。常见的情形是，悲伤者身边总有这样的朋友——他们认为指导悲伤者应该做什么是自己的职责，更糟的是，他们还想控制悲伤者的感受。我认识的一个女性在丈夫去世后第二天照旧来上班了，因为她没办法承受独自在家的痛苦。直到现在，她仍能感受到某些同事的不认同："你这么难过，真不应该来上班。"你只是以为，其实你什么都不知道。

每个人的悲伤大相径庭，方式各异。"都过去三个月了，你打算什么时候振作起来啊？"一位女性这样问她经历了流产的朋友。戴夫去世一年后，一个朋友对我说："你应该和悲伤道别。"真的吗？好吧，我只是把那个叫作"悲伤"的家伙塞进了抽屉里。告诉正处悲伤中的人"你又抑郁又愤怒，跟你相处太难了"似乎也不是有效的做法，而直面现实、克服恐惧，这才是有效的方法。

精神病学家伊丽莎白·库伯勒－罗斯认为悲伤分为5个阶段，愤怒是其中之一。她认为，人们在失去至亲的时候，先是否认事实，接着转向愤怒，然后进入祈祷阶段，再转而抑郁。只有扛过这四个阶段，才会最终找到接纳感。今天，专家认为，这并不是5个阶段，而是5种状态，它们并非线性发展，而是各有起伏。悲伤和愤怒就好像往火上浇水，火焰前一秒可能被压下去了，下一秒又会燃烧得更旺。

我也曾努力与愤怒对抗。如果某位朋友不小心说错了话，我的反应就会很强烈，有时甚至会号啕大哭或毫不留情地说："那么做根本没用！"有时，我会意识到自己这样做不对，然后立刻道歉。但是大多数情况下，直到这件事过去很久，我才会意识到自己的错误。做我的朋友意味着，他不仅要安抚我的悲伤，还要应对我努力控制的愤怒。我愤怒的程度达到了令自己恐惧的程度，因此我很需要朋友们的关怀。就像在压力实验中的受试者因一个小小按钮的存在而得到安慰一样，我也需要那些对我不离不弃的朋友。

许多人好心地劝我：“你会好起来的。”可是，我很难相信他们，对我助益更多的是大家的陪伴。菲尔 · 多伊奇就是这样做的。他说 ：“我们会好起来的。”当他不在我身边时，便会发邮件给我，有时只有一行字：“你不是一个人。”我儿时的一个朋友给我寄了张卡片，上面写着：“有一天，一觉醒来，她终于明白，我们曾共同面对过一切。”直到现在，这张卡片还挂在我的书桌上。

现在，我开始花更多时间与好友和家人在一起。他们身体力行，教会了我使用白金法则。首先，要活下去。和他们在一起，我才是我自己，他们能忍受我的情绪，并帮助我体会恐惧与愤怒。后来，白金法则变成我的主动选择。这些人际关系中的起起伏伏，大多数人都会经历。随着日渐成熟，人们会聚焦在更小范围、更有意义的人际关系圈上，而且友谊的质量远比其数量重要。

随着悲伤中最糟状态的消失，我逐渐开始恢复友谊的平衡状态，避免一边倒。戴夫去世约一年后，一位朋友看上去心烦意乱，很沮丧。我问她发生了什么，她犹豫着要不要一吐为快。我抱紧她，她终于说，她和丈夫相处得不好，可是一想到我的处境，她就觉得自己不该抱怨。我开玩笑说，如果朋友们连跟我抱怨另一半都做不到的话，那我也就没有朋友了。我想让我的亲友知道，在他们遇到麻烦的时候，我也陪在他们左右。

时光飞逝，我愈加感激一直关心着我的家人和朋友。戴夫去世整 6 个月时，我给他们发了一首诗——《沙滩上的串串脚印》(Footprints in the Sand)。这首诗最初只是具有宗教意义的寓言，然而对我来说，它关乎友谊，意义深远。它讲述了诗人和上帝一起在沙滩上漫步的梦境。诗人看到，沙滩上有两行脚印；但是当遇到“痛苦、悲伤与挫败”时却只有一行脚印。诗人感到被遗弃了，于是问上帝：“在我最需要你的时候，为什么你不在我身边？”上帝回答说：“你所见的那些只有一行脚印的岁月，是我在托着你啊，我的孩子。”

过去，我常常认为，这一行脚印是朋友们陪我熬过的最艰难的那些日子。但是现在，它对我别有深意。这一行脚印意味着朋友们一直在我身后，随时准备在我跌落时接住我，不离不弃。

第 4 章

自我同情与自信

深入了解自己

凯瑟琳·豪克 25 岁时和丈夫一起参加了前往罗马尼亚的教会旅行，去照顾那里的艾滋病孤儿。之后，她返回纽约，决心继续帮助有需要的人。其间，有朋友邀请她参加得克萨斯监狱的基督教服务活动。当时凯瑟琳在风投公司工作，她发现，许多犯人拥有和杰出企业家相同的才干和动力。于是，她开始在周末定期飞往得克萨斯，在监狱里教授商业课程。据悉，有 25% 的美国人有犯罪史，5% 的人会入狱服刑。尽管大多数犯人都渴望在出狱后重新就业，可是犯罪记录却让他们很难获得工作机会。凯瑟琳强烈地感受到，这些人需要第二次机会。

之后，凯瑟琳辞了职，拿出全部积蓄创办了非营利组织“监狱创业项目”（Prison Entrepreneurship Program），该组织为刑满释放的囚犯提供了就业和创业的机会。不到 5 年，该项目扩大为州立组织，有 600 位学员毕业并创办了 60 家企业。得克萨斯州长向凯瑟琳授予了公共服务奖章，以表彰她的成果。

但是，凯瑟琳自己的生活此时却支离破碎——在经历了 9 年的婚姻生活后，她的丈夫突然毫无征兆地提出离婚，并且没有道别就离开了她。“这是我生命中最黑暗的时期，”凯瑟琳告诉我们，“在我居住的社区，离婚几乎等同于犯罪——大家常说‘上帝痛恨离异’。”她害怕谈起自己的现状，不过她知道，有些人肯定不会对她的生活评头品足——那就是饱受歧视的监狱创业项目的毕业学员。于是，她向他们求助。这些学生帮助她走出了痛苦，成为她最亲密的知己。在这个特殊的情感时期，凯瑟琳与学员的关系越了界，她和不止一位毕业学员发展了亲密关系。虽然这些人已经被释放，凯瑟琳也没有违犯法律，但得克萨斯司法部门却认为她的行为失当。于是，凯瑟琳被禁止进入得州监狱，如果她仍继续参与其中，那么她的项目将被关停。凯瑟琳辞职了，她的离开成为头条新闻，大大的标题醒目刺眼——“监狱性丑闻”。

凯瑟琳花了很多年的时间，通过让雇主和捐赠者敞开心扉，想象如果自己因为犯过的最大错误而被终身贴上标签，会是什么感受。突然间，她自己却被贴上这样的标签。“我破坏了自己的价值观，就好像被厚厚的耻辱之墙紧紧包围着。”她说，“我失去了作为领导者的身份，我一文不名。我不想再继续活下去，因为我感到有辱上帝赋予我的使命。”她企图自杀。

凯瑟琳曾全力投入，帮助犯人获得第二次机会，她曾不断激发他人对出狱者的同情之心。如今，她却要为自己寻求大家的同情。

自我同情（self-compassion）这个概念被谈论得不多，也许是因为人们常常把它和它那些难搞的“表亲”混淆，比如自怜（self-pity）、自我放纵（self-indulgence）。心理学家克里斯汀 · 聂夫认为，自我同情就是将给予朋友的那份善意给予自己，自我同情让我们带着关心和理解去处理自己的错误，而不是一味自责和羞愧。

每个人都会犯错，有些错误看似不起眼，却会产生严重的后果。例如，在游乐场，我们一秒钟没有留意孩子，他就摔倒了；开车时，变换车道时因为盲区的存在撞了车。我们也会犯大错误，比如判断失误、没能履行承诺、诚信缺失。已经发生的事情，没人能够改变。

自我同情来源于人类并非完美的认知，深刻理解这一点的人会从困境中更快地复原。一项关于婚姻失败的研究发现，人们的复原力并非与其自尊程度、乐观态度、离婚前的抑郁状态，或是感情不和持续的时间长短有关，帮助人们对抗不幸、大步向前的正是自我同情。在从阿富汗和伊拉克战场返回美国的士兵中，具有自我同情特质的人的创伤后应激障碍（post-traumatic stress disorder, PTSD）症状有显著的缓解。此外，自我同情与更大的幸福感、更深的满足感、更少的情感障碍、更轻的焦虑症状相关。无论是男性还是女性，都能从自我同情中获益，但是，女性群体一向对自己过于苛刻，因此她们获益更多。正如心理学家马克 · 莱瑞观察到的，自我同情是“我们对自己苛刻残酷的解药”。

自我同情常常与自责相伴相生。自我同情并不意味着对过去责任的逃避和解脱，自我同情要我们确信，我们不应把自己打击得那么狠，以致破坏了未来。自我同情让我们意识到，做了坏事并不一定代表自己就成了坏人。我们可以用“要是我没有”这样的想法代替“要是我不……该多好”。这就是为什么天主教的忏悔这样开头：“宽恕我，天父，我犯了错”，而不是“宽恕我，天父，我是个罪人”。

责怪自己的行为而非人格，会让我们感到内疚，而不是耻辱。幽默作家厄纳·邦贝克开玩笑说，内疚是“让我们不断为他人付出的礼物”。尽管内疚很难被甩掉，它却能让我们一直努力改进，让我们更有动力去修正过去的错误，在未来做出更好的选择。

但是，耻辱则会产生相反的效应——它让我们感到渺小、微不足道，让我们更容易恼怒，更有攻击性，或者变得越来越自卑自怜。有耻辱倾向的大学生，要比有内疚倾向的大学生更容易酗酒嗑药，而耻辱型的囚犯重复犯罪的可能性要比内疚型囚犯高 30%。有耻辱倾向的小学生和中学生的敌对情绪更强，更有攻击性；而有内疚倾向的学生更愿意主动化解冲突。

“平等司法倡议”（Equal Justice Initiative）创始人、法律活动家布赖恩·史蒂文森坚持认为：“我们会因一些事情悲痛不已，但我们也会伤害他人。”他非常认同“每个人都要比自己做过的最坏的事情更有价值”。这就是凯瑟琳·豪克逐渐开始明白的道理。她求助的第一个人是牧师，牧师鼓励她先宽恕自己，再进行补救。“让我做到自我同情的方法就是，拥抱错误。”凯瑟琳说。她给监狱创业项目的 7 500 名志愿者和支持者写了一封坦诚的忏悔信，承认自己所犯的错误。结果，超过 1 000 份回信涌向她，人们感谢她的诚实，同时表示愿意相信她，许多人还询问她接下来准备做什么。尽管凯瑟琳看不到未来，但大家都对她很有信心。她说：“正是这些爱我的人让我有了力量重返正常的生活。”她感受到了自我同情的力量。

之后，给其他人写信（包括给她自己写信）变成了凯瑟琳提高复原力的关键。她会经常写日记。“写日记不只是疗愈的方式，”她说，“这样做还能让我平静下来，不断反思。我用语言表达感受，再将感受释放。”

写作是学习自我同情的强有力的工具。在一项实验中，研究者要求受试者回忆他们感到极糟的失败经历或是被羞辱的遭遇，比如在大考中不及格、输掉体育比赛、在戏剧演出时忘了台词等。他们需要给自己写一封信，表达他们对有同样经历的朋友的理解。实验表明，与只是写下自己积极体验的控制组相比，自我同情的人的幸福程度要高出 40%，其愤怒程度也低了 24%。

把感受变成语言，能帮助我们度过并克服悲剧带来的负面影响。几十年前，健康心理学家杰米 · 彭尼贝克安排两组大学生分别记下每一天中 15 分钟的经历，只记 4 天。其中一组学生记录与情绪无关的话题，另一组学生则记录他们生活中最痛苦的经历，比如被强暴、企图自杀、童年时期被虐待等。第一天写作之后，第二组大学生的幸福程度较低，血压也比另一组学生高。出现这种情况十分合理，毕竟创伤会带给人痛苦。但是，当彭尼贝克 6 个月后再跟进时，他发现情况调转过来——写下创伤经历的那一组学生无论是情绪状态还是身体状态，都要比另一组学生好很多。

自那以后，有超过 100 项实验记录了写日记的疗愈效果。研究发现，写日记对医学院的学生、慢性疼痛患者、罪案受害者、身处戒备最森严的监狱的囚犯，以及产后妇女提供了很多帮助。写日记这一行为跨越了文化及国界，而且写下创伤事件可以有效减轻焦虑和愤怒，提升业绩，减少工作缺勤状况的发生，也能缓解因失业导致的情绪反应。此外，写日记还会带来更高的淋巴细胞数、更好的肝脏功能、更强的抗体反应。即使只是偶尔写上几分钟日记，也能让人产生变化。“你不必写上你的整个人生，”彭尼贝克告诉我们，“当你觉得需要写的时候就去写，不想写了就停止。”

给负面情绪贴上标签也能让我们更容易处理负面情绪，而且标签越具体，效果就越好。例如，“我觉得孤独”要比模糊的“我感觉很糟”的效果更好。通过把感受变成文字，我们给了自己更大的力量战胜那些负面情绪。在一项研究中，对蜘蛛有恐惧症的受试者将要和蜘蛛“打交道”，研究人员让他们分散注意力，想象蜘蛛一点儿威胁都没有，或者是把自己对蜘蛛的恐惧写出来。结果，当蜘蛛出现时，那些把恐惧写出来的受试者的生理反应更小，他们也更愿意接近蜘蛛。

当然，这种方式也有一些注意事项。比如，在悲剧或危机发生后立刻写日记，可能会适得其反，因为对于有些人来说事件刚刚发生，他们还来不及反应及处理。写作可以减少孤独感、改善情绪，但不一定能减轻悲伤或抑郁症状。而且，对许多人来说，组织故事结构会让他们在这个过程中顿悟；对于不喜欢写作的人来说，对着录音机讲述故事也一样有用。如果不通过语言，而通过绘画、音乐或是舞蹈表达创伤，那么作用就没那么大。

写日记帮助凯瑟琳分辨出那些一直拖她后腿的想法，比如“人们只有在我对他们有用时才会爱我”，“依靠他人会让我软弱可怜”。心理学家将这些想法称作“自限性观念”（self-limitting beliefs），凯瑟琳决定用自己称之为“自放性观念”（self-freeing beliefs）的想法取代“自限性观念”。她写道：“我的价值并没有和我的行为相连，我允许他人照顾我——我也需要照顾我自己。”

经历了一年的治疗，凯瑟琳做好了继续前行的准备，她仍想帮助他人克服困难，展开新的未来。于是，她在纽约创办了“挑战”组织（Defy Ventures），旨在为正在狱中服刑的囚犯和已经刑满释放的囚犯提供创业指导和创业培训。在她创办的一个课程中，学生要学习如何精准地找出自己的自限性观念，并将其改写成自放性观念。2016 年，我有机会和凯瑟琳一起前往一所监狱，亲眼见到她培训囚犯的过程——凯瑟琳称他们是“培训中的创业家”，这是用未来的目标来定义他们，而不是用过去的创伤及错误来定义。凯瑟琳说，6年来，“挑战”组织帮助了1 700多名毕业学员，孵化、资助了160家初创企业，其毕业生的雇用率高达95%，再犯罪率只有3%。

凯瑟琳不只在事业上重获自信，她的个人生活也发生了可喜的变化。2013年，她嫁给了查尔斯·豪克，查尔斯也坚定地推崇“挑战”的使命。他们婚后一年，查尔斯辞去金融业的工作，加入进来。“我拥有了第二次做妻子的机会，我拥有了重生的机会，”凯瑟琳说，“我也拥有了第二次机会让其他人获得第二次机会。”

自信对获得幸福和成功至关重要。缺乏自信的人会沉溺于自己的缺点中，他无法拥抱挑战或学习新技能，甚至会拒绝冒险，无视冒险背后的机遇。缺乏自信的人不敢去申请新职位，从而阻碍他在事业上的发展；他们甚至没有勇气主动约会，于是真爱也擦肩而过。

同许多人一样，我也一直在和自我怀疑做斗争。读大学时，每一次参加考试，我都害怕会不及格。每一次我侥幸过关，甚至考得不错时，我都认为教授被我“骗”了。后来，我知道这种现象叫作“冒牌者症候群”（impostor syndrome）。尽管女性和男性都会有这样的症状，但女性的症状更明显一些。20多年后，看到许多职场女性都因为自我怀疑受阻时，我进行了TED演讲，鼓励女性“往桌前坐”。后来，我基于演讲内容写出了《向前一步》这本书。我抱着开放的心态，对自己如何与不安全感做斗争进行了探讨，从而找到了建立自信的方法。当我激励其他女性要相信自己，无所畏惧地行动时，我自己也收获良多。

之后，戴夫离开了我。深爱之人的去世，令我们悲伤、愤怒，这都是可以预料的。我们看不到的，或者没有看到的是——创伤可以导致我们在生活中方方面面的自我怀疑。自信的缺失变得无处不在，我们在某个领域的挣扎，会突然导致我们在其他领域不再相信自己。元失败促发了次生失败。对我来说，这场不幸让我的自信一夜之间瓦解了，就好像看着邻居建了好多年的房子在几分钟内化为灰烬一样——轰的一声，被夷为平地。

戴夫去世后我回到办公室的第一天，马克 · 扎克伯格和我与脸书的广告团队一起开会。为了阐释我的观点，我对产品和工程部门主管博兹说："从我们在谷歌共事起，你就应该记得这一点。"我们本来说的是一件好事……但博兹从未与我在谷歌共事过，他当时是在谷歌的竞争对手微软公司。

接下来的会议上，我想证明自己还有用，当有人向另一位同事提问时，我突然插话回答了问题……这种情况发生了好多次。有一次，我发言到一半时，突然意识到自己正在长篇大论般地喋喋不休，但我好像停不下来，只能继续无休止地讲下去。那天晚些时候，我打电话给马克说，我知道自己已经变成了一个彻头彻尾的蠢蛋。我说了两遍，我记得很清楚。"别担心，"马克说，"认为博兹在谷歌工作这种错误是你以前也会犯的。"这下我舒服多了。

事实上，我的确释怀了一些。然而，我过去犯过同一类型的错误，如今却成为我关注的焦点。之后马克还说，他认为我在当天会议上说的几个要点的确击中了问题的实质——我却一个都记不得了。他继续说，无论是他还是其他人都不会指望我每时每刻都绝对正确。他这么说，帮我设立了更合理的自我期望，我不再对自己那么苛刻。马克的同情与理解为我开启了自我同情的学习之路，我为有这样一位鼎力支持的老板深深地感恩。我知道，不是每个人都有这样的老板，许多职位甚至不允许雇员请悲伤假或是照顾家人。但是，工作中的同情不应该是奢侈品，制定合理的请假制度、给员工提供必要的支持非常重要，这样我们就不用再依靠老板的善意才能得到理解。

有了马克的鼓励和我父亲的支持，第二天我又出现在办公室，第三天也是如此，后面的日子也是。但是，在那些日子里，悲伤仍让我无法清晰地思考。在会议中间，戴夫躺在健身中心地板上的场景时不时在我眼前闪动。这好似增强现实技术（AR）——我知道自己在脸书会议室里，但戴夫的身体似乎也在这里，甚至在没有回忆起戴夫时，我也会时不时哭泣。向前一步？我连站都站不起来了。

写日记在我的复原过程中发挥了重要作用。我是在戴夫去世后 4 天，举行葬礼的那个早晨开始写日记的。“今天戴夫就要下葬了”是我写下的第一个句子，“这真是难以置信。我不知道为什么要写下这些——就好像我会忘记每个细节似的。”

从童年起，我便有写日记的习惯。每隔几年，我就会开个头，几天后再放弃。但是，在戴夫葬礼后的5个月里，106 338个单词从我的笔下流出。我感到，除非记录下每一件事，否则我就无法呼吸——从每天早上最微不足道的小事到无法言明的人生意义，事无巨细。即使只有几天没记日记，我的情绪也会聚满内心，直到感到心底的堤坝即将被冲塌。那时，我还无法理解为什么在毫无生气的电脑上写作如此重要——我不是应该和亲友谈话，以得到真正的回应吗？把自己和愤怒、悲伤隔离开不是更好吗？为什么本来每天能够独处的时间就有限，还要在有限的独处时间把那些情绪挖掘出来？

现在一切都清晰了，正是写作的冲动把我引领到正确的方向。写日记能够帮我处理那些排山倒海、势不可当的情绪，以及太多太多的懊悔。我一直认为，如果我早知道只能和戴夫共度11年的美好时光，我会抽出更多的时间和他在一起。我后悔，在我们的婚姻遭遇困境时，我们应该少一些争吵，更多地理解对方。我也后悔，如果我意识到那是我们最后一个纪念日，我就会待在家里，而不是和孩子坐飞机去参加成人礼。我更后悔，在墨西哥最后一个早晨徒步时，我应该走在戴夫身边，握着他的手，而不是和玛恩一起（当时戴夫和菲尔一起走）。当我记录下这些时刻的时候，我的愤怒和懊悔慢慢减轻了。

哲学家索伦·克尔凯戈尔说过，“要理解生活，你只能回头看；而要生活得更好，你只能大步向前”。写日记帮我理解过去，重建自信以享受现在和未来。之后亚当建议，我也应该写下每一天做得好的三件事。起初，我犹疑不定——我几乎活不下去了，还能找到成功时刻吗？（难道要写“今天打扮得挺漂亮。请鼓掌”？）然而，有证据表明，专注于心理学家称之为“微小成功”的事件，的确有效果。在一项实验中，受试者将按要求每天写下当天做得最好的三件事以及理由，并坚持一个星期。6个月后，这一组受试者的幸福程度要比只记下早期回忆的受试者的幸福程度高。在近期一项研究中，受试者每天花5~10分钟写下当天发生的好事以及原因，三个星期后，研究人员发现，他们的压力水平降低了，心理和身体上的不适也减少了。

那6个月，几乎每晚我都会在睡前列出自己的清单。既然连完成最基本的任务都很难，不妨就从这些小事开始——泡茶；处理所有邮件；开会时，尽量保持专注。这些都不是什么大事，但是我枕边小小的笔记本却承载着重要的功能，它让我明白，过去每天睡觉前我都在回忆当天处理得不好的事情——怎么搞砸的，哪儿出了问题，而如今，我会在睡前提醒自己做得好的事情，这是一个暖心的转变。

列出感恩清单对我很有帮助，而且它还有另一个作用。亚当和他的同事简·达顿发现，细数祝福不能促发我们的信心和努力，细数贡献却能。亚当和简相信，这是因为感恩是被动的——感谢我们得到的；贡献却是主动的，它提醒我们，“我们可以做到”，从而建立自信。现在，我会鼓励我的朋友及同事写下他们做得好的事情，结果，试过的人全都给了我相同的反馈：“我真希望自己能早点儿尝试这个方法。”

慢慢地，我开始在工作中重获自信。我告诉自己：我的目标不是完美无缺，我不必时时刻刻都相信自己。我只需坚信，我可以做出一点儿小小的努力，之后再一步步做得更多。在我 16 岁第一次滑雪时，就经历过这样渐进的改变。说我不是一个天生的运动员似乎有些过于保守，当时，在我第四天滑雪时，母亲和我拐错了弯，结果滑向了比较难滑的滑道。我看着前方的深谷，害怕极了，跌坐进雪里。我知道，掉进深谷必死无疑。母亲告诉我不要向下看，并鼓励我连续滑 10 个弯。她让我站起来，然后大声地帮我数转了多少个弯。转了 10 个弯后，我又转了 10 个弯，接着又是 10 个。最后，我们终于找到了下山的路。多年后，当我感到崩溃时，这段经历都会跳出来。如果克服了恐惧，你会做什么？我会转个弯，然后再转一个。

当同事看到我在工作中犯了错时，他们便试图帮我减轻压力。当我把事情搞砸或者没有成果时，他们就会摆摆手，说："你经历了那么多，怎么可能永远一帆风顺？"过去我也对在工作中苦苦挣扎的同事说过类似的话，但是当别人对我这么说时，我发现，这样充满同情的表达其实削弱了我的自信。真正能帮到我的是："当真？我认为你在会议上提的观点很棒，帮我们做出了更好的决策。"上帝保佑！同情是不赖，可是鼓励会更好。

自我怀疑有时甚至会悄然显现。亚当的朋友和同事、心理学家詹妮莎 · 夏皮罗最大的恐惧是死亡，第二大恐惧是失业。但是，她在 30 多岁时被诊断出患有转移性乳腺癌。詹妮莎当时在写论文，这让她产生了写作障碍，她立刻开始担心："化疗和癌症会摧毁我的思考能力吗？"随着工作效率的下降，她又担心自己会被所在大学拒绝授予终身教职，继而惨遭失业。她也很在意其他人如何评价她，身为研究羞耻感的专家，她猜测癌症会导致人们质疑她的能力。詹妮莎组织了几位同事来验证这个假设，的确，癌症幸存者面试的成功率更低。当没有受邀演讲时，她会想："他们知道我生病了，所以不想打扰我吧？或者，难道他们觉得我不能胜任了？"

詹妮莎的丈夫以更具自我同情的视角帮她进行了分析，提醒她："没患癌症的时候，你也不可能在一天就写完一篇论文。"她的同事也给她提供了帮助。詹妮莎告诉我们："总体来说，大家认为我仍有能力，还能做出贡献。当然，如果期待我像从前一样能做到每一件事，这对我也是有压力的。因此我想，对同事们来说，要在对我期望过多与过少之间找到平衡，并且恰好击中我的'甜蜜点'，这也是很难的一件事。"詹妮莎和我自己的经历，改变了我对待经历了个人难关的同事的方式。我仍然给这些员工提供假期，但现在我明白，我们不仅要把他们当作团队的一员，不另眼相待，同时也要肯定他们的工作表现。

詹妮莎后来得到了终身教职，她为此感恩。然而，失业的恐惧是极为普遍的。2016 年，中国约有 1 000 万人失业。每一个遭遇过解雇、减薪，或被迫离职的人都知道失业令人崩溃——收入的减少使他们置身于巨大的财务压力下，而且会带来抑郁、焦虑以及其他健康问题。失业好似给我们的自尊、自我价值感一记重拳，同时让我们的身份感缺失。失去收入会剥夺我们的控制感，从而降低了忍受身体疼痛的能力。此外，随之而来的压力也会破坏人际关系，导致家庭冲突和矛盾升级。

为了解决失业人员的心理问题，密歇根大学的心理学家曾在教堂、学校、图书馆和市政厅举办了多场长达一周的工作坊。每天上午 4 个小时，数百名失业者会参加专门为帮助他们重建自信的课程，学习有用的技能，了解工作机会。他们反复练习面试技巧，还列出了失业人员可能面对的各种障碍，以及保持激情的策略。在其中，他们发现了一些“小小的成功”。接下来的两个月，参与该项目的人找到新工作的机会增加了 20%。接下来的两年，他们变得更自信，不被解雇的可能性也提高了。需要澄清的是，这并不是说自信一定会帮你找到工作，我们应提供教育机会及必要的支持，这样才能帮助失业人员找到工作，在失业时让他们也能享受适当的社会保障福利。不过，参与这样的项目确实可以带来改变。

职场中的自信十分重要，并且被广泛讨论，然而，家庭中的自信同样重要，却常常被人们忽视。单身妈妈对我来说是个全新的领域——与孩子有关的事务，一直都是由我和戴夫共同讨论决定的，即使是最微小的事情。在戴夫去世那个晚上，我甚至不知道该拿儿子刮破的运动鞋怎么办，对此我思考良久。忽然之间，我和戴夫持续了 10 年的育儿谈话戛然而止。

我在写作《向前一步》时，有些人认为我在单身女性面对的困难这方面没有多着笔墨。他们是对的，因为当时我也不知道该怎么写。那时的我根本不知道，被家事压垮时还能在工作中取得成功是一件多么艰难的事情。《向前一步》中有一章的标题是“让你的另一半成为你真正的‘人生搭档’”，谈论的是关于夫妻以 50∶50 的比例各自分担家务和育儿事宜。现在我了解到，这样的内容对于单身妈妈来说是多么麻木不仁且没有价值，她们在生活中要独自承担 100% 的家务和育儿责任。如今，我对于家庭的理解与期望，越来越贴近现实。自 20 世纪 70 年代初以来，美国单身妈妈的数量增长了几乎 200%。在全世界范围内，15% 的儿童生活在单亲家庭中，其中单身妈妈家庭又占约 85%。在中国，4.5% 的儿童生活在单亲家庭，还有另外 15% 的儿童生活在被一位家长长期照顾的家庭里——因为另一位家长（大部分情况下是父亲）在另一个城市工作。

我永远都体会不到或不能完全理解许多单身妈妈面对的挑战。尽管困难重重，她们仍尽力做好每一件事、养大孩子，这多么不可思议。为了生存，许多人甚至要打好几份工——其中还不包括“母亲”这份辛苦的工作。而且，高质量的育儿成本往往极为昂贵。

尽管长期辛苦地工作，但大多数国家的单身妈妈的贫困率都要高过单身爸爸，其中包括中国和美国——几乎 1/3 的单身妈妈和孩子会遇到食物不安全的情况；黑人和拉美裔的单身妈妈甚至会面对更多的挑战，其贫困率高达40%。尽管我们需要呼吁相关政策出台以帮助这些家庭，但我们也要尽己所能，为她们提供更直接的帮助。令人震惊的是，在美国旧金山湾区，每三个家庭中就有一个家庭需要食物援助。几年前，我开始在美国的食物银行“第二次丰收”（Second Harvest）做志愿者，之后协助开展了“为孩子挺身而出”（Stand Up for Kids）运动。目前，该运动每个月为约9万名孩子提供了餐食。该组织开始在当地特许学校发放食物之后，学生的纪律问题也相应减少了。“人们一直认为他们都是坏孩子，”一位校长告诉我们，“其实只有饥饿的孩子。”另一所学校报告说，该项目降低了学生的缺勤率，减少了患病率，学生们的学业表现也有所提高。

职场母亲（尤其是单身妈妈）从一开始就处于弱势地位。美国是世界上唯一一个没有带薪产假的发达国家。在中国，女性产后享有14周带薪产假的权利。如果员工没有病假和丧假（丧亲者需要这样的假期以度过最痛苦的时刻），就会导致他们个人的困境更容易转变成工作中的困境。亚当的研究显示，大多数企业不重视病假和丧假这一点其实非常短视——在员工经历个人难关时，企业若提供支持则将提高员工对企业的忠诚度。我们需要重新思考相关公共政策和公司制度，以确保员工在需要照顾自己和家庭的时候，能够得到相应的假期。

我们也需要摒弃过时的假设——所有的孩子都和父母生活在一起。戴夫去世后，现实不断提醒我和孩子们，我们失去了什么——父女共舞、学校的“父母之夜”活动，还有无处不在的父子活动。我弟弟戴维说，他也是第一次意识到孩子们所在的休斯敦公立学校里有那么多需要父亲参与的活动，这些活动对于没有父亲的孩子来说，是多么艰难。

这些主观想法时隐时现，让我越来越无奈。如果戴夫还在，他会怎么做？日复一日，我希望自己知道，甚至希望戴夫亲自回答这个问题。正如在工作中一样，当我专注于微小的每一步时，事情便会容易一些。我发现，我根本不必帮助孩子应对他们遇到的每一种情况，我也不必在他们每次哭泣时都帮助他们化解悲伤，我只需要帮他们处理当下面临的挑战。我甚至不必转十个弯，我只需要帮他们一次转一个弯。于是，我做出了一些决定并对此提出质疑。而且，那些看上去会破坏戴夫重视的事，无论多么渺小，都令我恐惧。戴夫认为，睡眠对孩子们很重要，他生前坚决反对睡衣派对。但他去世后，我发现睡衣派对对安抚孩子、让他们摆脱悲伤确实有帮助。我知道这个改变本身无足轻重，但它却对我具有象征意义，它意味着没有戴夫的日子多么艰难，而我可以继续按照他的心愿做事，以示纪念。戴夫的妹妹艾米说，戴夫从没告诉过我，在面对令人绝望的不幸时，他会怎样去面对。我可以想象着他说话的样子：“是的，当然，如果睡衣派对让孩子们更开心，那就去吧。”尽管我从不知道戴夫对于某些小事的观点，比如孩子 10 岁前能否看电视剧《美少女的谎言》，或者是否能让孩子玩《口袋妖怪》游戏，但我知道，他希望孩子们得到的不仅是一夜好梦，还有正直、好奇心、善良和爱。

失去戴夫这个舵手，我发现自己又开始依赖朋友和家人。朋友们也让我知道，我能够有条不紊地处理家事，这一点对我很有帮助。当他们诚实地说我还能做得更好时，比如建议我制定家庭规则时更灵活，或者是对自己和孩子们更有耐心，我又有了信心。

随着时光流逝，我也渐渐适应了没有戴夫的新生活，我还发现日记写得少了——即使没有这个出口，我也不再有崩溃的感觉。在本该是戴夫 48 岁生日后的第二天，我决定走出哀伤阶段。我坐下来，写下了这些话：

2015 年 10 月 3 日

这是这本日记的最后一篇了。漫长的 22 周半已然飘逝，156 天后，我竟然活过来了。我一直全力以赴、不断向前，但停止写日记也是我前行的一部分，我想我准备好了。

戴夫去世后，直到昨天我还在恐惧。我知道，无法再给他过生日是个标记。任何时候，无论是谁说起戴夫的生日快到了，我都会在心里纠正他们，有时还会大声说出来："不，那一天永远不再是他的生日了。活着的人才有生日，但他没有了！" 2015 年 10 月 2 日，如果他活着，那么这一天他该满 48 岁了。48 岁，几乎是半生啊。

我和保拉、罗伯、妈妈、爸爸、戴维、米歇尔一起去了墓地，他的墓碑看上去要比我记忆中若隐若现的墓碑小多了。自从我们埋葬他的那天起，他每一天都会出现在我的脑海里。

离开前，我独自坐在他的墓碑前，大声地和他说着话。我告诉他，我深爱他，每时每刻我都想念着他。我告诉他，没有他的世界空空荡荡的。然后，我痛苦地哭出声来，因为他听不到我说话。

戴维和米歇尔让我单独待了几分钟，之后走过来坐在我身边。这下，空气似乎都变得舒服了，我感觉到了来自弟弟妹妹的温暖；我也意识到，他们早在戴夫出现之前，就一直伴我左右，他们一直在我的生命里啊。我们讨论过，如果足够幸运的话，我们三人会一起活到可以给父母养老送终的年纪，一起送别父母。生活就是在他们的陪伴下，如常前行。没有戴夫，他们仍在。有戴维和米歇尔一如既往地伴我左右，我一样会慢慢变老。

看着戴夫的墓碑，我意识到没什么可以做、可以说了。我不能总是来这里告诉他我深爱他，我也不能再拥抱他、亲吻他。我已经学会了在生活中不断地谈起他，以免孩子们忘记他，可是我再也不能和他谈起孩子们了。我可以每天都不停地哭，但这无济于事，他回不来了，什么都不能把他带回来了。

我们凝望着戴夫的长眠之地，一排又一排的墓碑清楚地告诉我们，每个人终将长眠地下，所以，每一天都要数着过。我不知道自己还剩下多少天，我想重新生活。

尽管此刻我还是不开心，可是我很清楚过去的5个月自己都做了些什么。我知道我活过来了，我知道我可以把孩子养大，我知道我需要海量帮助，我也学会了寻求帮助。我越发相信，尽管前路漫漫，我身边的人会一直陪伴着我。我仍感到恐惧，可是相比过去已经好多了，因为每个人都告诉我，我并不孤单。每个人都需要他人的帮助与陪伴——此刻的我比以往更需要。然而，终究只有那一个人才能让我幸福地大步向前，为孩子们创造美好的生活——那个人就是我自己。

156天，前路依然充满希望。今天，我结束了这本日记的记录，努力重启我的人生。

第 5 章

成长到死

寻找使命感和人生意义

隆冬时分，
我终于意识到，
夏天永在我心中。

——阿尔贝·加缪

乔·卡斯珀是一位医生，他的大部分职业生涯都在治疗面临生命威胁的病人。然而，当他十几岁的儿子瑞恩被诊断出患有罕见的致命癫痫时，他却无所适从、毫无头绪。“在短短的几分钟里，我惊悉儿子命运的改变，我却什么都不能做——因为根本没有治愈的希望，”乔写道，“那种感觉就好像我眼睁睁看着儿子被捆在铁轨上，火车正呼啸而来，除了无奈、惆怅、绝望，我什么都做不了。”

创伤体验往往如地震般动摇了我们对世界的信念，剥夺了我们对于人生可控、可预测，以及充满意义的认知。乔告诫自己不要陷入空虚与绝望。奥地利著名精神病专家、大屠杀幸存者维克多·弗兰克尔发现：“当我们不能改变现状的时候，我们就面临着改变自我的挑战。”

在儿子被诊断出绝症后，乔想学习一切与创伤后复原力有关的知识。他搜索到北卡罗来纳大学夏洛特分校的两位教授理查德·泰德斯基和劳伦斯·卡尔霍恩的研究成果，这两位心理学家当时正在治疗因失去孩子悲伤过度的父母，他们承受着绝望与创伤后的压力。两位心理学家也发现了一些令人震惊的现象：这些痛苦的父母都想做些事情，比如祈求孩子回到身边，但许多人也承认失去孩子后，他们的生活又发生了积极的变化。这一点似乎很难令人相信，但随着时间的流逝，有些人摆脱了创伤后压力的困扰，实现了创伤后成长。

此外，两位心理学家还研究了经历过各种创伤的数百个案例，其中包括性侵和性虐待受害者、战争难民和战犯、事故和自然灾害幸存者、严重受伤者和重病患者等。这些人都经历了持续不断的焦虑和抑郁，然而，尽管受创者存在着消极情绪，但他们仍出现了积极的变化。之前，心理学家的大部分研究都集中在创伤的两种可能的后果上——一些人患有创伤后应激障碍，包括抑郁、焦虑，或者身体功能障碍；一些人则表现出有复原的能力，他们最终会恢复到创伤之前的状态。但是，还存在着第三种可能性——遭受过痛苦的人有可能复原并成长。

戴夫去世 4 个月后，亚当给我讲了创伤后成长的概念。对我来说，这太不现实，怎么可能呢？这也就是说说吧。当然，的确有人能够从不幸中获得成长，但拿它当作希望之光去忽悠刚刚失去丈夫的寡妇，我是不大相信。

亚当理解我的怀疑，他也承认，之所以前几个月没有跟我提及这种可能性，是因为他知道我绝对不会相信。但是现在，他认为我准备好了。他告诉我，50% 以上经历过创伤事件的人都发生了至少一种积极的改变，只有不到 15% 的人会患上创伤后应激障碍。当时，他做了一件超级讨厌的事情——他引用我曾说过的话来对付我。“你总是说如果人们看不到某件事的存在，那么他们就不会去做这件事，或是做不到。”亚当说，“例如，有些女孩不学计算机，是因为她们在计算机系没看到女生；有些女性不去争当领导者，是因为她们没看到有太多女性处于领导者地位。道理是一样的。如果你看不到成长的可能性，你就不可能成长。”我同意尝试着去发现成长的存在，我也不得不承认，创伤后成长要比日日伤心、愤怒的生活好多了。

正是那时，我得知乔 · 卡斯珀的事情，不幸的是，他的儿子在确诊后第三年去世了。乔说：“儿子的去世引发了我情感上的海啸。如果生活中还有更痛苦的事情，我希望自己永远不要再经历。”乔立誓不会被海啸卷入漩涡，他决定去宾夕法尼亚大学学习积极心理学，亚当那时在那里做教授。乔了解到创伤后的成长会以五种形式存在：发现个人的力量，学会感恩，建立更深层次的关系，找到更多的人生意义，以及发现新生活的可能性。但是，乔不想只学习理论，他想亲身实践。

尼采有一句名言：“那些杀不死我的，必使我更强大。”泰德斯基和卡尔霍恩对此做了细微的改动：“我比自己以为的更脆弱，却比自己想象的更坚强。”面对生活射来的利箭，我们会受伤，伤痕会一直在那里，但是，我们可以在强大的内在力量的驱动下躲开这些利箭。

我无法想象。人们不断地对我说这句话，我也赞同。但我的心那么痛，我唯一能做的就是熬过去。处于急性悲伤的深渊，我根本不认为自己还能变得更强大。然而，随着心碎的日子渐渐过去，我意识到自己可以更强大，因为我实实在在地生活着，而熬过去就是获得力量的途径之一。有句话是这么说的：“如果必须坠落，就让我坠落，我会成为的那个人一定会接住我。”

慢慢地（极其缓慢地），一种全新的视角开始渗入我的日常生活。过去，孩子们面对挑战时，我会很焦虑，但戴夫会让我安心。现在，我要让自己安心了。从前，如果女儿因为没有和朋友一起入选某个社团而情绪低落，我会鼓励她多加练习，私下里却会担心。现在，我便会想：“很好啊，每个孩子都会面对这样的问题，没什么大不了，落入正常问题区太令人欣慰了。”此时我还需提醒自己：“这么想就好了，千万不要大声说出来。”

我儿时的朋友布鲁克 · 帕洛为收养孩子经历了艰难的过程，其间的绝望都在她抱着宝宝的那一刻烟消云散。在接下来幸福的日子里，布鲁克遇见了另一位新妈妈梅雷迪斯。梅雷迪斯为怀孕受了很多苦，两个女人因为得子不易变得亲密起来，对她们来说，能有宝宝已经是奇迹了。她们的孩子也成了好朋友，布鲁克称之为“婴儿闺密”。一天，34 岁的梅雷迪斯发现自己腋窝下方有一个小肿块，检查结果显示，她已患有乳腺癌第四期。布鲁克不断鼓励着梅雷迪斯，而且她也打算去检查一下。预约时，布鲁克的妇科医生建议她再等半年，等到满 40 岁，医疗保险就能支付这笔费用了。但布鲁克坚持当时就做检查，结果显示她也处于乳腺癌第四期。

两个朋友又一起经历了化疗，布鲁克的治疗效果很好，但梅雷迪斯的肿瘤细胞已扩散到肝部。三年后，梅雷迪斯病逝。“我一直告诉她的父母、她的丈夫和女儿，她是我的天使，”布鲁克说，“我能活到现在，是因为肿瘤细胞在转移到其他重要器官之前就被清除了，这一切都是因为梅雷迪斯。”

布鲁克的乳腺癌得到了控制，7 年过去了，她的身体很健康，精神状态也不错。“我经历了化疗的痛苦，朋友的离去。我已经对生活有了全新的认识——小事不会压垮我，我变得更强大、更专注、更明白事理。过去曾让我无所适从的事情，现在我却视作理所应当，我会笑着说：‘哦，没关系，我会处理的。’”

泰德斯基和卡尔霍恩所定义的创伤后成长的第二个方面是：学会感恩。戴夫去世后第一个月，我惊讶地接到凯文 · 克里姆打来的安慰电话。我和凯文只在葬礼上见过一面，不过我们有共同的好朋友，我知道他经历过难以想象的悲伤。2012 年，凯文的妻子玛丽娜带 3 岁的女儿尼西上完游泳课后，返回纽约公寓，发现家中的保姆刺死了 6 岁的大女儿露露和 2 岁的儿子里奥。

凯文丧子几个月后我见到他时，我支支吾吾，不知道该说些什么。现在，他打电话来安慰我。我问凯文，他究竟是怎么熬过来的，他告诉我，他当时致悼词时是这样说的："我担心自己在面对毁灭性的黑暗时，也会痛恨这个世界，并因此竭力逃避现实。但……有句话我认为特别适合这个场合：'知道自己为什么而活的人，能够承受任何一种生活。'玛丽娜、尼西，你们是我的'为什么'。"凯文告诉我，他是多么感恩妻子玛丽娜和女儿尼西还活着，他和玛丽娜的关系也坚不可摧。之后，凯文夫妻决定再要个孩子，他们感恩自己还有这个能力。因为露露和里奥生前热爱艺术，于是凯文和玛丽娜创立了非营利组织"ChooseCreativity.Org"，为弱势儿童教授培养创造力的课程。他们通过为世界带来更多的爱和美，从而获得了创伤后成长……可见，创伤后成长本身就是爱和美的象征。

经历悲剧，并为之感恩，真是有些讽刺。自戴夫离我而去，我很清楚自己的内心积淀了多少悲伤，它如影随形、触手可及——它已成为我日常生活的一部分。然而，除了悲伤，我还对以往视之为理所应当的事情怀有深深的感恩：家人，朋友，甚至只是活着这件事本身也值得感恩。在这方面，我的母亲提供了一个极有帮助的案例。66 年来，母亲一直喜欢散步，但随着年岁渐长，她髋关节状况不佳，散步就变成了一件痛苦的事。4 年前她做了髋关节置换手术，术后她为自己可以毫无痛苦地迈出每一步而感恩。母亲体会到的是身体层面的感恩，我感受到的则是情感层面上的感恩——在感觉不错的日子里，我也感恩自己可以毫无痛苦地迈出每一步。

以前，我也时不时地有过感恩的时刻。大学毕业后，我为世界银行旨在根除麻风病的印度健康团队工作。我走访了几乎全印度的治疗中心和医院，遇到了数百位病患，其中许多人因病被赶出自己原来生活的村庄，他们极为贫困、孤独无助。我的第一次旅程差不多有一个月，每一天我都努力以极专业的形象示人，夜里却独自哭着入睡。这段经历让我学会了客观地进行判断。我记得自己当时决定不再抱怨生活中的任何事情了，并且感恩自己出生在医疗资源丰富的国家。可是多年以后，我的客观判断能力消失了，生活又回到了曾经的样子。

如今的我决心坚守感恩。我问布鲁克她是如何做到的，她说她会时常提醒自己人生无常。“看着梅雷迪斯的女儿一天天长大，我也尽己所能参与她的人生。每当我看着自己的小女儿，我都会想起梅雷迪斯不在了，她不能看着自己的女儿成长，我知道自己有多幸运。”布鲁克做出了下意识的努力，以记住这对于她来说具有里程碑意义的事件。“每一年，我都会庆祝自己陪伴女儿又多活了一年。”她告诉我，“但 7 年前，我以为自己不能陪女儿过第二个生日了。”

失去亲人后，每逢生日、纪念日、节日，空虚感便让我难以面对。布鲁克鼓励我珍惜这些重要的日子。过去，我每 5 年过一次生日，我认为只有年龄以 0 或 5 结尾的生日才值得过。现在，我会庆祝每一个生日，因为我不再理所应当地认为下一个生日会如期到来。我过去常常说的那些关于不想变老的玩笑话早已烟消云散。（为比我小15岁的老板工作，怎么都得找些乐子不是？）戴夫离开后，我的朋友凯蒂·米蒂克开始在朋友们生日时给他们写信，并告诉他们，朋友对她来说意义重大。一些朋友也加入进来，这就是创伤前成长，他们获得的是生活经验，而我只能通过死亡学习。

去年秋天，马拉拉·尤素福扎伊[①]和她的父亲齐亚丁来到我家，和我探讨马拉拉为女童争取教育权利的工作情况。之后，他们留下来和凯蒂、凯蒂的丈夫斯科特以及我的孩子们共进晚餐，我们围着餐桌分享了每个人在那一天最美妙、最糟糕和最感恩的时刻。斯科特说，他上一周都在担心孩子会被调配到一所新学校，但马拉拉的使命让他明白，应该为孩子们有书可读而感恩。接着，马拉拉分享了她的感恩故事。她被塔利班成员开枪击中后，她的母亲便开始给她送生日卡。马拉拉19岁时的生日卡片上写着："4周岁生日快乐。"她的母亲是在提醒女儿——也提醒她自己，马拉拉还活着是多么幸运。

我们不必等到特别的场合才去感恩。在我特别喜欢的一项研究中，研究人员要求受试者给向自己表达了善意的人写感谢卡，结果证明，收到卡片的人很开心，送出卡片的人的抑郁程度也显著降低，而且对于感恩的回味伴随着他们长

---

① 马拉拉·尤素福扎伊，1997年7月12日出生于巴基斯坦，以争取妇女接受教育的权利而闻名。2012年10月9日，马拉拉乘校车回家时遭到枪击，伤势严重。经过治疗，她于2013年1月4日出院。2011年2月，马拉拉被巴基斯坦政府授予"国家青年和平奖"。2014年，她与凯拉什·萨蒂亚尔希共同获得2014年诺贝尔和平奖。——编者注

达一个月。当亚当和我分享这项研究时，我认识到了它的原理：当我感谢朋友和家人时，悲伤自然被置之脑后了。

1999年，我的朋友斯蒂文 · 莱维特一岁大的儿子安德鲁死于脑膜炎，16年后，他告诉我："每过一年，我对于'拥有'的感恩就更多一些，对于'失去'的憎恶就更少一些。"岁月如梭，我为我和戴夫共同走过的日子，以及现在我所拥有的一切而感激不尽。

距戴夫去世一周年还有11天的那天，我感到很脆弱，跟朋友大哭。我们坐在浴室地板上，我说："11天。一年前，他只能活11天了，他对此却一无所知。"我们在朦胧泪眼中望着彼此，讨论着如果戴夫知道自己的生命只剩11天，他会怎样过完这段日子；而且，如果了解每一天都是那么宝贵，我们又会怎样活下去。

悲剧并不能让我们永远感恩。创伤会让我们警惕他人，它产生的消极效应影响了我们与他人建立关系的能力。许多经历过性虐待和性侵的受害者都认为，他们关于"人性本善"的信念破碎了，很难再相信他人。失去孩子的人总会有一段时间很难和亲戚、邻居相处；而对于失去配偶的人来说，和朋友吵架也是十分常见的，他们有时会感到被朋友伤害了。

但是，悲剧也能激励我们建立全新的、更深层次的人际关系，这就是创伤后成长的第三个方面。研究发现，战争中目睹战友惨死的士兵们在40年后，更容易获得军队同侪的友谊。经历过残酷的战争，他们更理解生命的意义，也更愿意和有同样感受的人相处。许多乳腺癌幸存者也觉得她们跟家人和朋友的关系比以往更亲密了。

当人们共同经历过某种悲剧，或是面对过类似的悲惨状况时，彼此之间的联结会更紧密。他们会互相信赖，互吐心声，互相依靠。就像那句谚语所说："顺境时，朋友了解我们；逆境时，我们了解朋友。"

不幸会促使人们建立更强大的联结，斯蒂芬·汤姆森的故事是其中最激动人心的例子之一。斯蒂芬和4个弟弟妹妹在儿时的成长过程中经常无家可归，他们有时会在收容所和汽车里过夜。斯蒂芬的母亲有严重的吸毒和酗酒问题，所以斯蒂芬和弟弟妹妹常常挨饿，甚至会去杂货店偷食物。此外，小小的斯蒂芬不得不承担照顾弟弟妹妹的责任，他在学校缺了很多课，以致成绩远远落后。老师们认为他有学习障碍，便安排他去特殊教育班。有一次，斯蒂芬和外婆住在一起时，特警队来找他母亲，但她躲在门后。警察后来说，他母亲和男友在一次政治抗议行动中炸毁了一座桥。

斯蒂芬当时9岁，他的母亲把他和弟弟妹妹丢弃在一间旅馆的房间里。三天后，儿童保护组织的工作人员才找到他们。这就是斯蒂芬经历的最糟糕的时刻，从这天起他开始"触底反弹"。"我们过去的生活令人无法忍受，"他说，"母亲把我们丢在旅馆，就是她送给我们的'礼物'，从此我们有了新的开始。"

斯蒂芬相信，他的复原力来自小小年纪就能把极端的苦难当作建立新关系的机会。他在一个收养孤儿的家庭里待了几个月，弟弟妹妹住在他附近，之后他被送到州立"儿童之家”生活。正常上学之后，他开始和同学建立稳固的友谊。他的新朋友们邀请他去家里过感恩节、圣诞节，他有了和朋友、家人共度节日的机会。之后，他的一个朋友的母亲让他和他们生活在一起，一切就此改变。“这是我人生中学到的最重要的一课，让我了解到他人的善意。”斯蒂芬告诉我们，“我意识到，朋友可以变成家人。”自此，他和自己约法三章，永不抛弃朋友。“难过的时候你可以打电话，真正尝试和人们打交道，去认识他们。”我是在谷歌工作时认识斯蒂芬的，他强大的联结能力成就了他的事业，现在他是一名优秀的招聘主管。

创伤后成长的第四种形式是发现人生中更大的意义——强烈的使命感，它源于“人的存在皆有意义”这一信念。维克多尔 · 弗兰克这样说：“在某种程度上，痛苦在找到意义的时候就不再是痛苦。”

许多人在宗教中或在拥抱灵性时找到了意义，而创伤经历则会把人们带往更深层次的信仰，具有强烈宗教和灵性信仰的人拥有更大的复原力，他们能获得更好的创伤后成长。主持我和戴夫的婚礼的拉比杰 · 摩西告诉我：“上帝或是更高层次的神明会提醒我们，人类不是宇宙的中心。关于人类的存在仍有许多未了解之谜，无论我们是否理解，人类都有其秩序和目标。生活让我们知道，苦痛并非偶然，也绝非毫无意义。”

然而，苦难也考验着我们对于上帝的仁慈的信念。来自新泽西州蒙特克莱的教会执事拉维恩 · 威廉姆斯告诉我们，在她患有抑郁症时，她姐姐被诊断出癌症，于是她向上帝发出诘问。“我会生上帝的气——你怎么能允许这些事情发生？”她说。但是，之后她想起：“我们向上帝祈祷并不是祈求得到帮助，他不是有求必应的魔法神，好事不会自己突然发生。”而且，她的信念帮助她摆脱了绝望的束缚：“即使身处最黑暗的时刻，我依然怀有希望，这就是信念的力量……它让你知道，黑暗总会过去。”

去年春天，我读到全美橄榄球联盟前运动员弗农·特纳写给年轻时自己的一封公开信，其中生动地描述了他的经历。弗农的母亲当年是一位 18 岁的田径明星，她不幸在街上遇袭，被人注射了海洛因，之后被轮奸。弗农 11 岁时，偶然发现母亲在浴室注射海洛因，母亲看到他，不但没有赶他出去，反而对他说：“我让你看我吸毒，是因为我希望你永远都不要做这件事。如果你做了，就和杀了我一样。”4 年后，弗农的母亲去世了。之后，由继父照顾弗农和 4 个弟弟妹妹。弗农读大学一年级时，他的继父也去世了。此时，不满 20 岁的弗农，独自扛起了家庭的重担。

弗农的经历让我十分感动，于是我联系了他。弗农告诉我，那时是他最低迷的时刻，已然“触底”。“我认为我是在接受命运的惩罚——先是上帝带走母亲，接着是继父，然后我又要失去整个家。当时，我双膝跪地，大声祈祷，请求上帝告诉我该怎样拯救我的家。”那时，弗农认为唯一能赚到足够的钱的方法就是在全美橄榄球联盟踢球。终于，他成为二级联赛大学队的明星球员，但总是有人告诉他，他不够高、不够壮，也没有成为职业球员的天赋。“我必须做到，如果做不到，弟弟妹妹就会被别人收养。我不要做遗传基因的奴隶，我要做自己行动的主宰！”他在信里如是说。

清晰的目标驱动着弗农，他把闹钟设在凌晨两点，每天准时起床训练。他在身上缠上绳子，拉轮胎上山，以此锻炼体能。“无论是精神上还是生理上，我都把自己逼到极限。为了加入全美橄榄球联盟，我进行了魔鬼训练。我要靠自己的训练，而不是对最强劲的对手抱有幻想——我做好了死在橄榄球场的准备！”他做到了——他成为一名回攻手。“激发我内在复原力的是上帝赐予我的力量。”他说，“母亲去世前告诉我，无论发生什么，都要保住这个家。橄榄球挽救了我的家。校队的教练给我量身高的时候，应该再量一量我心脏的强度。”

家庭和宗教是许多人最强大的人生意义的源泉。然而，工作也是使命感的一个源泉。能够发掘人生最大意义的职业，往往是服务性行业。例如，牧师、护士、消防员、心理咨询师、幼儿园教师这些职业充满压力，收入却不高，但我们要依靠他们获得身体的健康、生命的安全、知识的增长。亚当发表了 5 项不同的研究成果，阐明了有意义的工作是如何帮助人们实现精神缓冲、摆脱倦怠的。他发现，在公司、非营利组织、政府部门和军队，人们越是相信自己的工作可以帮助到他人，他们在工作中的疲惫感就越少，抑郁的现象也越少。当人们认为自己的工作对其他人能够产生有意义的影响时，他们在家里也会感到更有活力，并且更有能力应对面临的困难。

戴夫去世后，工作对我更有意义了。我以一种前所未有的方式去帮助人们分享信息，这也是脸书的使命。2009 年，我朋友金·贾巴尔的弟弟在 40 岁生日那天自杀了，她的家人过于悲伤，无法处理追悼会的事宜。但是，“人们都想分享自己的故事，他们愿意支持我们，彼此支持”。当时金告诉我：“他们在脸书上举行了追悼会，爱和支持如潮水般涌过来——每一天，我都能读到更多的故事，看到更多的照片，我知道有许多人认识他、爱着他。”

同样的事情也发生在我身上。我之前并没能真正理解脸书的功能对于那些失去亲人的人是多么重要，直到我有了切身体会。我们的朋友赞德·卢里在给戴夫致悼词时，提到了戴夫慷慨的性格。说到这里，他停下来，做了一件我们在葬礼上从没看过的事——他说：“如果戴夫·高德伯格做过让你们的生活变得更美好的事，比如他给了你明智的建议，他帮助你建立起有价值的人际关系，他在你沮丧时帮助了你，那么，请你举起手。”我看向身后，数百只手臂举向天空。那一天，我没有机会听到所有的故事，即使有机会，我当时也不在状态，没办法一一记下。但是现在，许多故事都保留在脸书上戴夫简介的那一栏，人们纷纷来留言，许多名字我甚至没听说过。他们分享了戴夫怎样帮助他们找工作，创办企业，热心地支持他们的事业。我们的朋友斯蒂夫·菲勒发布了戴夫在一场棒球比赛上欢呼的视频，他写道：“戴夫提醒我，欢呼的感觉有多棒……被欢呼的感觉同样很棒，他令我感受到了那一刻。在硅谷这样一个‘接下来’永远比‘现在’更重要的地方，像戴夫一样温暖地专注于当下的人太少了。”

对于那些有机会从事有意义的工作的人来说，工作本身就能够帮助他们从创伤中复原。我的朋友杰夫 · 休伯的妻子因结肠癌去世，我告诉杰夫，“不要在急性悲伤初期做任何重要决定”，这一点也是很多人曾经告诉我的。幸运的是，杰夫没听我的。他辞了职，去 Grail 公司[①]做了首席执行官，该公司专注于在初期阶段检测出癌症。“那感觉就好像过海关，”杰夫告诉我，“如果不能回头，就只能做出改变，唯一的问题是如何改变。”同救不了儿子的乔 · 卡斯珀一样，杰夫知道他救不了爱妻的命，但是他希望在下一个 10 年，早期癌症检测能够拯救数百万条生命。他说，现在，每天早上他都更有活力，他会迅速起床，投入到工作中。

杰夫寻找到人生意义的方式正是创伤后成长的第五种类型——发现新的可能性。泰德斯基和卡尔霍恩发现，经历创伤后，有些人会选择之前从未考虑过的完全不同的职业方向。一些美国人受“9·11”恐怖袭击的影响，在事业上做出了非常重要的改变——有些人加入了消防部门，有些人参了军，有些人进入了医学行业。“为美国而教”项目收到的申请比以往多了 3 倍，许多怀有远大抱负的教师说，他们做教师的兴趣正是源于“9·11”恐怖袭击事件。寻求变化的人们想

---

① Grail 公司，位于硅谷的生物科技公司。——译者注

把自己宝贵的时间奉献给更宏大的事业。对他们来说，恐怖袭击事件之前，工作只是工作，但事件发生之后，他们的内心便升腾起一种使命感。龙卷风等自然灾害、大规模枪击事件、飞机失事的幸存者，以及那些认为自己会死于突发事件的人，更有可能找到人生的意义。在得知突发事件的死亡率后，幸存者常常会重新审视人生中究竟哪些事更重要，从而促发创伤后成长。可见，与死神擦肩而过是有可能带来美好的新生活的。

当然，这可不是简单的改变生活重心的问题，创伤常常会使我们寻找新的可能性变得难上加难。关爱患病的爱人可能意味着你要减少工作量，甚至是所有家人都无法工作。目前，约有 300 万美国人在照料着患有癌症的家人，他们每周需要花费 34 小时。除了收入的减少，高额医疗费用也会破坏家庭预算。生病已经很可怕了，财务问题也随之而来。在美国，超过 40% 的破产案例都是由疾病导致的。有证据显示，癌症患者申请破产的可能性会增加 2.5 倍。即使是相对小额的预算外花费也会导致灾难性的后果，例如，46% 的美国人支付不起 400 美元的急诊账单。对于站在悬崖边上的边缘人群来说，带薪假期、高质量的医疗保险，以及包含精神健康的保险计划可以救他们一命，否则他们就会跌落悬崖。

悲剧不只剥夺了我们的今天，也会撕碎我们未来的希望。意外事故会粉碎人们自食其力、供养家庭的梦想，严重的疾病会阻止人们寻找工作或爱，离婚抹去了未来的纪念日（尽管我有个朋友每年都会庆祝分手纪念日）——上述与个体感受有关的深层次改变是悲剧产生的次生损失，也是抑郁的危险因素，我们那个可能的自我——我们希望成为的自己也会同时受伤。

尽管很难，但自我的消失给了我们想象和创建新自我的机会。悲剧发生后，我们有时会想念曾经拥有的机会，毕竟我们为过去的生活投入了全部情感。海伦 · 凯勒说："当一扇幸福之门关闭时，另一扇门已然敞开；但我们却长久地盯着关闭的门，看不到敞开的另一扇门。"

当乔 · 卡斯珀意识到自己的行动也是儿子遗产的一部分时，他茅塞顿开。他在攻读硕士课程时，创造了一个新的治疗方法——"命运共同体"，这个方法鼓励失去孩子的父母从一个更大的角度回看孩子的人生，死亡不再是故事的结局。从悲剧中寻找使命感和人生意义的父母可以坚持多行善事，这也是他们的孩子对于这个世界的贡献。正如乔所阐释的："我意识到，我的使命是以我儿子感到自豪的方式生活，通过多行善事为儿子的生命增添光彩是激励我走到今天的强大动力。"

许多悲剧幸存者致力于帮助他人克服自己曾经面对的困难，这很容易理解。"没有什么事比帮助他人摆脱绝望的沼泽更能让我感到满足了，"乔告诉我们，"我的热情来源于与我的创伤有关的个人成长，帮助他人进行创伤后成长也会照亮我儿子的生命。"一些人在经历悲剧后，能够获得新的认知，用以帮助有类似经历的人。这是独一无二的人生意义的源泉，这样做不只是给我们自己的人生以使命感，同时也为苦难赋予了使命感。如果你自己受了伤，却因此能帮助他人，那么你没有白白受伤。

悲伤时，我们很难透过痛苦看到新的可能性或更大的人生意义。那时，母亲陪了我一个月后准备回自己家时，我有点儿慌了。她抱着我道别，给我讲了她和家里的一个朋友斯科特·皮尔森的一场对话。“戴夫逝去的那个星期，斯科特说：‘这一章结束了，下一章即将开始。’那时我没告诉你，因为你才不会相信他呢。不过我一直很信任他……你也应该这样。”我不确定我是否应该在一个月前听到这句话，但那一天，希望降临。我在这里引用古罗马哲学家塞内加的一句话：“每一个崭新的开始都伴随着另一个开始的结束。”

几年前，戴夫和我带孩子们去看音乐剧《魔法坏女巫》。离开剧场的路上，我们中有个人激动地大叫：“这是我最喜欢的音乐剧！”你也许认为这话是我们不到10岁的女儿说的，但并不是，是戴夫说的。他最喜欢的歌曲是其中的插曲《永远》——当两位主演互相道别，心里知道他们也许永不会再见时，他们一起唱着：

我确信我已变得更好
因为我懂你……
我已变得更好
永远。

戴夫永远都在，就像歌里唱的：“一抹永恒的掌印，在我心上。”因为有他的存在，我被深深地改变了；因为他不在了，我被更深刻地改变着。

我心底有着最深切的渴望，渴望美好的事因戴夫可怕的死亡而发生。当有人说，他们从我分享的内容中找到了安慰和力量的时候，这就是对戴夫生命的奖励。他为帮助他人付出了那么多，我希望这本书能够打动读者，成为戴夫遗产的一部分。也许这就是我们共同的命运。

第 6 章

重拾快乐

进入中学的第一周，当时我最好的朋友告诉我，她觉得和我一起玩没意思。这场伤人的分手后来被证明是一件幸事。在被“抛弃”后不久，又有三个女孩和我交了朋友，我们成了一生的挚友。上高中时，我们的圈子又增加了三个女孩，这 6 个女孩子分别是明迪、伊芙、雅米、伊丽丝、帕姆和贝丝，我们现在依然自称是“姑娘们”。多年来，“姑娘们”给我提供了各种建议，从毕业舞会穿什么到找什么工作，甚至包括宝宝凌晨 3 点又醒了该怎么办。

2015 年的秋天，贝丝为女儿举行了犹太女孩成人仪式，但我不太想去。就在戴夫去世的几天前，我和他曾为儿子挑选了犹太男孩成人礼的日期。想到戴夫不能参加儿子的成人礼，这场仪式都变得索然无味了。那年夏天，在我的心情最灰暗的时期，姑娘们每天都来我家报到。她们轮流来加州看我，向我证明我并不孤单。未来，我想陪伴她们度过快乐的时光，就像她们曾经陪伴我度过悲伤的时光一样。

在成人礼上，我和姑娘们以及她们的家人坐在一起。

成人礼的项目让人很舒服，我仿佛又回到了纯真的少年时代——那时候理个难看的发型就是天大的事了。仪式上，贝丝女儿朗读的《摩西五经》棒极了，我们都自豪得热泪盈眶。之后，仪式以背诵犹太教祷告文结束，那是献给逝者的祷告文。姑娘们的手立刻从前面、后面，越过长椅伸向我。她们紧紧拥住我，就像她们承诺过的——我们会一起挺过来。

在当天晚上的派对上，孩子们欢闹奔跑，玩得很开心。我看着我的孩子和朋友的孩子聊着天，他们就像表兄弟姐妹一样亲——可惜没有一个专门的词来表达这种喜悦。除了姑娘们，宾客中还有我们在迈阿密读中学时的其他同学，包括最聪明伶俐的男生布鲁克·罗斯（他的名字直译过来是“小溪·玫瑰”）。他的名字真美，学生时代我们都觉得他是男神一样的存在，没人敢想象能和他谈恋爱。大学毕业后，他证实了这一点——他告诉我们他是同性恋。

DJ（调音师）开始播放地风火乐队的歌曲《九月》，布鲁克过来拉我的手。“来吧。”他说，脸上露出灿烂的笑容。他把我领到舞池，就像高中时一样，我们纵情地唱着跳着，然后我哭了起来。

布鲁克赶快把我带到室外的钢琴旁，问我怎么了。一开始我以为自己是想念戴夫，但我知道这种感觉和想念戴夫不太一样。后来我明白了。伴着儿时欢快的歌曲跳舞，让我不再满怀孤独、满怀思念。我不只是感觉不错，实际上我感到了快乐。但是，这种快乐却伴随着内疚——戴夫已经去世了，我怎么还能快乐起来呢？

第二天，我带着孩子们去费城看望亚当和他的家人。我告诉亚当在舞池里竟然感受到了快乐，他一点儿也不吃惊：“当然，这是你第一次感到快乐，你一直拒绝去做能带给你快乐的事情。”

亚当说得对。4个多月来，我把全部精力投入到孩子和工作上，一天天熬着。我不再娱乐，比如看电影、和朋友出去吃饭、看电视剧《权力的游戏》、玩桌游卡坦岛或拼字游戏。我尤其没有心情玩卡坦岛，因为那是在戴夫生命的最后几个月里我们经常玩的游戏。

我蛰居了起来，这样做的理由很多：我不想让保姆照看孩子，哪怕孩子们已经睡了，我担心万一他们醒来，会发现妈妈不在家。我也担心如果自己尽力走了出去，会忍不住当众哭起来，不仅自己尴尬，也破坏了其他人的兴致。那年初秋，我试着进行社交。我邀请了一些朋友来家里看电影。一开始，我们在厨房里吃冻酸奶，我不停地想：“假装一切正常，我能做到的。”之后，朋友推荐了一部轻松搞笑的电影，我们开始一起看。一切似乎都很正常。电影演了几分钟后，主角的妻子死了，我立刻觉得冻酸奶从胃里往上涌——一切都不再正常了。

戴夫去世一个月时，我在脸书上写道：“我再也没有片刻真正的快乐了。”某位也失去丈夫的朋友向我保证，不会永远这样的，总有一天我会重新快乐起来。当时我很怀疑。但地风火乐队证明我错了——舞池中的快乐时光稍纵即逝，仅仅冒了一下头就被内疚打回洞穴了。

幸存者的罪恶感是窃取快乐的小偷，这是已故亲人造成的次级伤害。失去所爱的人不仅会令你痛不欲生，而且会让你不断自责："为什么我是那个活下来的人？"即使在强烈的悲痛渐渐消退之后，内疚感也不会消失："我应该多陪陪他。"死亡会引发幸存者罪恶感，公司裁员也是如此——那些保住工作的人常常深受幸存者罪恶感的折磨。他们的心路历程是这样的："本来应该是我被裁掉"，接下来是感恩，"幸亏不是我"，羞愧感很快会淹没感恩，"我是个坏人，朋友丢了饭碗，我竟然还能高兴得起来"。

追求没有意义的快乐，人生会漫无目的；但只有意义没有快乐的人生也是令人沮丧的。直到在舞池里那一刻，我才意识到我一直不敢让自己快乐。虽然转瞬即逝的快乐被内疚感破坏了，但我以为再也不会有真正的快乐，这一点是错的。后来，戴夫的哥哥罗伯打电话给我，他的电话真是一份礼物。"自从戴夫遇到你，他想做的就是让你快乐，"他的声音哽咽了，"他希望你快乐，即使是现在。不要让他失望。"戴夫的妹妹告诉我，我的情绪会影响孩子们。我知道她在帮我振作起来，而且孩子们告诉她，他们感觉好多了，因为"妈妈不再一个劲儿地哭了"。

当我们把注意力集中在他人身上时，我们会发现自己平时很难发现的内在动力。2015 年，美国陆军少校丽莎 · 佳斯特希望通过自己的努力，从美国陆军游骑兵学校顺利毕业。她曾在阿富汗和伊拉克服役，相信自己能够应付为期 9 周的艰苦训练。她通过了陆地导航、水中生存、阶段式攻击、伏击、登山，但最后一个项目成了她的障碍，并且耗费了她26周的时间。这个项目是携带35磅[①]重的帆布背包、9夸脱[②]水和一支步枪行军20英里[③]。走到10英里时，丽莎感到恶心，双脚都起泡了，她认为自己绝不可能走到终点了。就在这时，一个画面闪现在她的脑海中——那是她非常喜欢的一张照片，上面是她和她的孩子们。她的儿子穿着印有蝙蝠侠的T恤，女儿的T恤上是神奇女侠。丽莎在这张照片上写道："我想成为他们的超级英雄。"丽莎跑着完成了最后2英里，比目标时间快了1.5分钟。她创造了历史，成了美国最早的三名陆军游骑女兵之一。见到丽莎时，我对她说，她不仅是孩子们的超级英雄，我也给我的孩子们讲过她的故事，所以她也成了我的孩子心目中的英雄。

罗伯和艾米的话在我耳边回响，于是我决定为了孩子们寻找快乐，和我的孩子们一起寻找快乐。戴夫喜欢和孩子们玩卡坦岛游戏，因为这能培养他们学会深谋远虑，预测对手的招数。一天下午，我从书架上取下这个游戏。我问孩子们想不想玩儿，他们说想玩儿。以前我一直用橙色棋子，女儿用蓝色棋子，儿子用红色棋子，戴夫用灰色棋子。我们坐下来玩时，女儿拿出了灰色棋子，儿子不乐意了，想夺走那些棋子："那是爸爸的颜色！你不能用灰色！"我抓住他的手

① 1磅≈0.4536千克。——编者注

② 1夸脱=0.946升。——编者注

③ 1英里=1.609千米。——编者注

说：“她可以用灰色，我们让爸爸的东西回来吧。”

“我们让爸爸的东西回来吧”成了我们挂在嘴边的一句话。我们不能回避能让我们回忆起戴夫的所有东西，我们要接纳它们，使它们成为我们生活的一部分。我们恢复了为戴夫喜欢的球队——明尼苏达维京人和金州勇士队加油；我们恢复了打扑克——从孩子很小的时候起，戴夫就和他们玩扑克。孩子们笑着回忆起，一天戴夫下班回到家，看见 5 岁和 7 岁的他们在打扑克，戴夫说那是他人生中最骄傲的时刻。我们的朋友查马特 · 帕里哈皮蒂亚以前经常兴致盎然地和戴夫打扑克，现在他依然会来教孩子们打得州扑克。我曾试着教他们，但我想戴夫不会希望他们跟着一个“差劲的扑克手”（戴夫的原话）学习。

而我自己又开始追电视剧《权力的游戏》，当然这次完全不像和戴夫一起看那么有意思——他读过全套书，知道里面错综复杂的关系网。不过，我尽量专心地看剧，为剧中的龙母和她的龙喝彩，就像戴夫和我在一起时会做的那样。我开始邀请朋友来家里看电影，小心地寻找没有丧偶情节的电影。最好的恢复方式是我在网上找到了玩拼字游戏的完美对手——戴夫和我曾经一起玩过，戴夫和罗伯也玩过，现在罗伯和我玩。我是个糟糕的替补，因为他们兄弟俩的水平旗鼓相当；而我和罗伯玩了将近 100 次，总共就赢过他一次。并且，现在我和罗伯每天都会通几分钟电话……这也算是和戴夫的交流。

我们都希望别人快乐，但是允许自己快乐——认识到克服内疚感，寻求快乐并没有什么错，就是战胜了绝望。让自己开心是一种对自己的慈悲，就像我们犯错时也应该善待自己一样。我们确实应该对自己好一点儿，在能够享受生活的时候享受生活。就算不幸的事摧毁了你的大门，把你囚禁起来，逃出来仍需要付出精力和努力。在经历不幸之后寻找快乐，就像拿回我们被偷走的东西一样。正如U2乐队的主唱博诺所说："快乐是终极挑战。"

戴夫去世后30天，我在脸书上发了个帖子，有一条评论深深打动了我，评论者是弗吉尼亚 · 辛姆普 · 南希。弗吉尼亚的婚姻很幸福，但她丈夫在53岁时，突然在睡梦中离开了人世。6年半后，在女儿婚礼的前夜，她的儿子又死于过量摄入海洛因。当时，她坚持继续为女儿举行婚礼，并计划在婚礼第二天举行儿子的葬礼。不久之后，弗吉尼亚和当地学区合作，开展了预防毒品的活动，她和很多家长、顾问联合起来，创建了支持小组，倡导修改法律，与成瘾症做斗争。她还设法战胜自己的悲痛，并且开始看卡罗尔 · 伯内特演的老电视剧，还带着她巧克力色的拉布拉多犬进行公路旅行，横穿美国，去看望她的女儿和女婿。"丈夫和儿子的死被织进了我的人生，但它们不能定义我。"她说，"快乐对我来说很重要。我不能靠女儿或其他任何人带给我快乐，我必须靠自己。是时候抛开那该死的C选项了。"

为了寻找快乐，我们时常会关注一些重大的时刻，比如毕业、孩子出生、找到工作、家人团聚等。但实际上，快乐与积极体验的频率有关，而非与其强度有关。澳大利亚一项对丧偶者进行的长达 12 年的研究发现，26% 的人在丧偶后会像以前一样经常感到快乐，不同之处在于，他们会继续参与日常活动和人际交往。

作家安妮 · 迪拉德写道：“我们怎么过每一天”决定了“我们怎样过这一生”。我们与其坐等从小事情中获得快乐，不如去做那些能带给我们快乐的小事。我的一个朋友在离婚后列出了一张“开心清单”——听音乐，看望侄子侄女，欣赏画册，吃水果馅饼。她发誓每天下班后要去做清单上的一件事。就像网络博主蒂姆 · 乌尔班所写的，“幸福就是你在无数平凡日子里拥有的小快乐”。

2016 年，我的新年计划就基于这个观点而制订——每天晚上我依然会写下三件我当天做得好的事情。随着自信心的恢复，这样做似乎越来越没必要了。于是，亚当提出了一个新想法：写下每天三个快乐的时刻。在我制订的所有新年计划中，这是我坚持时间最长的一个。现在，每天晚上睡觉前，我都会在笔记本上草草写下三个快乐的时刻。这样做能让我关注到这些瞬间，从而心存感恩。我想我会写满这个笔记本吧，这是一个能让我一整天都保持愉快的好习惯。

多年前，我的一位良师拉里 · 布里连特让我懂得，快乐需要付出努力。在启动谷歌的慈善项目期间，我和拉里的关系变得亲密起来。当他 24 岁的儿子乔恩被诊断出肺癌时，我非常伤心。乔恩在斯坦福大学医院接受治疗，因为我家离医院比较近，所以他经常在我家过夜。他把珍爱的童年玩具乐高带来和我的孩子一起玩。直到今天，看到我的孩子玩乐高，我还会想起乔恩。

有几个月，乔恩看起来好像奇迹般地康复了，所以，当他一年半后离开人世时，他的家人非常心痛。拉里由于深厚的灵修做到了内心强大。拉里和妻子吉里贾曾在印度生活了10年，他们师从印度教上师，练习佛教冥想。失去儿子之后，他们的灵修重点集中在把痛苦转化为感恩上，感恩乔恩身体健康的那些岁月。在戴夫的葬礼上，我和拉里一起抽泣着，他说没有想到我们这么快就为另一个亲人的逝去而伤怀。然后，他把双手放在我的肩膀上，就好像要把我举起来一样，他说，他一定不会让痛苦把我淹没。“快乐的一天短暂得就像15分钟，痛苦的一天漫长得就像15年。生活的任务就是把快乐的15分钟变成15年，把痛苦的15年变成15分钟。当然，没人会假装这很容易做到。”

留意快乐的时光需要付出努力，因为我们天生便会更多地关注消极的坏事，坏事对我们的影响比好事大得多。在史前时期，这种倾向是有道理的——如果所爱的人吃掉有毒浆果的情景没有时时萦绕在你的脑海里，那么你可能也会咬上一口。但是，如今我们对寻常的挫败和日常的烦恼也非常关注，破损的雨刷或一块咖啡渍都能让我们心情不佳。我们时刻瞄准潜在的威胁，从而错失了轻松一笑的机会。

就像描述消极情绪有助于我们克服它们一样，描述积极情绪同样有效。把快乐的经历写下来，仅仅三天就可以改善心情，坚持三个月就可以减少人们去医院的次数。我们可以细细品味日常小事——如和煦的微风吹拂的感觉，炸薯条的美味（尤其是从别人的盘子里抢来的）。我母亲是我见过的最乐观的人之一，每晚上床睡觉时，她都会感慨枕头多么舒服，并心存感恩。

随着年龄的增长，我们越来越少用“兴奋”“刺激”来描述快乐，而是越来越多地使用“平静”这样的字眼。可敬的维罗妮卡·高因兹这样总结道：“平静是休息时的快乐，快乐是行走时的平静。”和别人分享好事也能让你接下来的几天心情大好。用香农·塞奇威克·戴维斯的话说就是，人权倡导者的工作需要他们每天面对暴行，所以“快乐成了一种修炼”。

我的一个朋友刚刚过完70岁生日，就失去了相伴48年的妻子。他告诉我，为了战胜绝望，他需要改变自己的日常惯例。继续从事以前和妻子一起做的事情会让他怀念过去，所以他努力寻找新的活动。他建议我也这样做。除了恢复以前的生活习惯之外，我还要想办法继续走下去。于是，我从小事开始——我开始和孩子们玩红心大战，这是爷爷教我玩的一种纸牌游戏（也是我比较擅长的一种纸牌游戏）；我们开始在周末骑自行车（戴夫骑不了，因为骑车会让他后背疼）；我又开始弹钢琴，我有30年没碰过钢琴了（因为缺乏天赋，疏于练习，我弹得很糟糕）。不过，我现在能叮叮咚咚地弹完一首自己喜欢的曲子——我弹的是比利·乔尔的歌，我改了他的歌词，跑着调唱道：“暂时忘记生活，让我笑一笑。”

如果演奏音乐是我们力所能及的事情，那么它就是心理学家所说的“勉强可应对的困难”。做这类事情需要我们全神贯注，没有精力产生杂念。很多人都能回想起心流状态带来的极乐感受——心流状态就是全身心沉浸在所做的事情中的状态。比如，我们和朋友畅谈一番后，突然意识到已经聊了两个小时了；比如，开车在公路上旅行，路面上的虚线变成了一种节奏；比如，你专心致志地读《哈利 · 波特》，竟然忘了霍格沃茨魔法学校不是真实的——这完全是麻瓜的错误。但这其中有一个隐藏的难题，心流研究先驱者米哈里 · 契克森米哈赖发现，处于心流状态中的人并不感到快乐，他们过于投入，只是在事后会认为当时是快乐的。试图研究一个人的心流状态也会打断他的心流状态。“干得好，心理学家们。”

很多人开始通过锻炼来获得心流体验。喜剧演员帕顿 · 奥斯瓦尔特在失去妻子后，发现像蝙蝠侠这类漫画书描绘了人们对悲痛的奇怪反应。奥斯瓦尔特说，在现实生活中，“如果布鲁斯 · 韦恩 9 岁时看到父母被杀害，他肯定不会变成强大的英雄。如果一个人的至亲死了，他是不是会感到愤怒、困惑，并且身体发胖呢？并没有，他们立即去了健身房”。事实上，去健身即使只是快走都有益健康。锻炼对身体健康的好处我们都知道，包括降低患心脏病、高血压、中风、糖尿病和关节炎的风险。许多医生和治疗师还指出，锻炼是改善心理健康的最佳方法之一。身体锻炼对 50 多岁且患有严重抑郁症的成年人来说，效果就像服用抗抑郁剂一样有效。心流体验听着像一种奢侈品，但在不幸发生后，它会变成必需品。4 年前在叙利亚，瓦尔法（为了保护她的家人，此处略去她的姓氏）因丈夫被捕陷入了绝望。从此以后，她的丈夫杳无音信。就在事发的几个月前，她 16 岁的儿子在公寓外踢足球时被杀害。瓦尔法无法承受这样的痛苦，她想一死了之，但她当时正怀着她的第六个孩子，这让她放弃了自杀的念头。之后，她和她的兄弟带着她最小的两个孩子逃到了伊斯坦布尔，三个大一些的孩子依然留在叙利亚。不久之后，她接到了女儿的电话——她女儿的儿子在差一周两岁时被狙击手射杀了。这样的生活令人无法想象，就像一个深不可测的黑洞。

瓦尔法的经历并不罕见。如今，全球的难民比第二次世界大战后的任何时候都多，6 500 多万人的生活被撕裂。如果说，我的选择 B 意味着应对丧偶事件，那么难民的选择 B 意味着应对一个接一个的不幸——失去所爱的人，流离失所，背井离乡，失去他们熟悉的一切。当读到瓦尔法的故事时，她惊人的复原力打动了我。我设法联系她，更多地了解她。于是，她坦诚地谈起了她内心的挣扎，通过翻译她告诉我们："当儿子被杀害时，我真想一死了之，但我是一个母亲，我需要微笑着面对其他的孩子。"

瓦尔法来到土耳其后，她大部分时间都独自和孩子们在一起，当时她的兄弟正设法找工作。她不会说当地的语言，几乎什么人都不认识，她感到十分孤独。后来，她发现了一个叙利亚人的社区中心，认识了其他同样在苦苦挣扎的女性。瓦尔法逐渐找到了快乐，她说："祈祷能让我快乐，祈祷让我和上帝的联系更加紧密，我更理解他了。我知道，他将继续赐予我力量。”

除了祈祷，她也从为家人和朋友烹饪中获得安慰和心流体验。“有些日子，时间过得很慢，我却想得太多。烹饪给了我可以期待的东西。烹饪就像在叙利亚呼吸，它为我提供了氧气。我不是画家，但我喜欢创造，比如食材的气味以及肉的口感。无论在哪里，我都会尽力重新创造一个家。烹饪给我安慰，帮助我专注。有时，我很喜欢烹饪时的自己。烹饪时，时间过得很快，我的内心也很平静。”当瓦尔法的邻居生病时，她会每天为邻居做饭，一做就是一周。“想到我可以用食物，而且是叙利亚的食物来帮助她，让我充满了快乐。我会对邻居说：‘这是我的家乡菜，我没有别的什么可以给你。’”照顾孩子和他人是瓦尔法的另一个快乐之源。就像她告诉我们的：“孩子们笑的时候，我也会感到快乐，这让我觉得我有了活下去的理由。通过疗愈他们，我也得到了疗愈。”

无论你把快乐看成一种修炼、一种挑战、一种奢侈，抑或是必需品，它都是每个人值得拥有的东西。有了快乐，我们可以继续生活，继续爱，继续为他人而存在。即使我们感到非常痛苦，在我们已有和创造的时光中依然可以发现快乐——跳舞、远足、祈祷、开车、跑着调地唱比利 · 乔尔的歌。所有这些都能帮助我们减轻痛苦，当这些时光累积起来，我们就会发现它们不仅能给予我们快乐，还能给予我们力量。

第 7 章

让孩子更具复原力

这幅画精细地描绘了两个南卡罗来纳的孩子，创作者是获奖画家蒂莫西 · 钱伯斯（Timothy Chambers）。蒂莫西从事绘画职业 30 多年了，他可以用油画颜料、木炭和蜡笔生动地画肖像画和风景画，但他耳聋的程度达到了 70%，而且在视力上接近盲人。

如果蒂莫西给你画像，他看着你的眼睛时就看不清你的嘴。他没法看到全景，只能一点儿一点儿扫描模特，尽可能多地记住细节，然后通过记忆填补被眼睛遗漏的东西。“好的绘画就是许多好决策的总和。”他解释说。

蒂莫西患有遗传疾病尤塞氏综合征，他的症状很早就显现出来。5 岁时，蒂莫西已不得不全天戴着助听器；上高中时，晚上走路如果朋友不提醒他“躲开”，他就会撞上树枝。在蒂莫西 30 岁时，眼科医生把他转诊给一位专家，专家诊断出了他的病，同时也告诉他这种病没法治。医生的建议很直率：“你最好换个职业。”

听到这个令人沮丧的建议后，蒂莫西经常会恐惧到什么都做不了，他还经常做噩梦。一次，他花了两个小时完成了一幅炭笔肖像，他的儿子走进来问道：“你为什么用紫色画？”蒂莫西再也分不清紫色和灰色了，于是他寻找让自己的知识发光发热的其他方法。之后，他在线教绘画，结果得到了热情洋溢的好评，有的学生甚至隔着半个地球，凌晨两点找他求教。一天，蒂莫西的妻子金看到亚当关于复原力的演讲，觉得他好像在说自己的丈夫，于是她发邮件给亚当，说蒂莫西是“我认识的最具复原力的人”。

亚当想知道蒂莫西的复原力源自何处，蒂莫西说最初来自他的父母——蒂莫西的父亲总能够将痛苦的事情改头换面。蒂莫西儿时，有天他回到家，难过地说同学们都盯着他的耳朵，问他耳朵里塞的是什么东西。蒂莫西的父亲告诉他，下次再发生这样的事情，蒂莫西就要按着他的助听器，向空中击拳并大喊："小熊队在第九场比赛中已经打成了2∶1！"之后蒂莫西尝试了这个方法，结果同学们都羡慕他可以边上课边听比赛直播。在高中，一次约会结束时蒂莫西和女孩吻别，但助听器开始发出很响的蜂鸣声。他的父亲得知后告诉他不要担心："这个女孩可能正对她妈妈说：'以前和男生亲吻，我看到过烟花，但从来没有听到过警报。'"

蒂莫西听从父亲的建议，学会了以幽默应对尴尬。同时，他发现他对自己残疾症状的反应也会影响其他人，这意味着他可以控制别人对他的看法，重塑这些关键时刻成为他的第二天性。他说："有这样的父亲真是我的福气——当我觉得自己很蠢的时候，他让我变得更强大，教给我方法去解决所有棘手的问题"。

戴夫去世后，我最大的担心是孩子们会失去快乐。我童年时的好朋友明迪·莱维 13 岁时，她的母亲自杀身亡。那天晚上，我睡在明迪的房间里，拥抱着痛哭的她。30 多年后，她是我在墨西哥的医院里第一个打电话联系的朋友。我歇斯底里地在电话里尖叫："告诉我，我的孩子不会有事！告诉我，他们会没事！"一开始，明迪还没搞明白发生了什么。当她弄清楚事情的原委后，肯定地告诉我："孩子们会好好的！"那一刻什么话都不能安慰我，但我知道明迪已是一个快乐有爱的成年人。看到她多年来一步步拥有了正常的生活，我相信我的孩子们也能拥有幸福。

从墨西哥飞回美国后，我记得母亲和妹妹在机场接我，眼泪从她们的脸上滑落，她们搀扶着我上车。我不知道怎样告诉年仅 7 岁和 10 岁的孩子们，他们再也见不到爸爸了。

回来的路上，玛恩提醒我，我们的一个好朋友卡罗尔·盖纳是一位社会工作者，很会安抚悲痛的孩子。于是，我给卡罗尔打了电话。她建议我先告诉孩子们我有一个非常令人难过的消息，然后简单、直接地告诉他们发生了什么。她说，很重要的一点是，我要向他们保证生活中的很多方面还会和以前一样：他们还有其他家人，还会和朋友一起去学校。她让我按她的建议来回答孩子们的问题，他们可能会问“如果妈妈也死了怎么办”。我很感谢她让我对这个问题有所准备，因为我女儿一上来就问到了这个问题。卡罗尔建议我不要做出错误的承诺，不要承诺我会永远活着，而是要告诉他们，英年早逝并不经常发生。她提醒我，要反复对孩子们说我爱他们，我们会一起面对不幸。

我走进家，女儿像平常一样问候我。“嗨，妈妈。”她说完就上楼回自己的房间了。我僵在那里。儿子立即意识到有什么不对。“你怎么回来了？”他问，“爸爸呢？”我和我的父母、妹妹一起坐在沙发上。我的心剧烈地跳着，我几乎听不到自己的声音。我父亲有力的手臂搂着我的肩膀，想要保护我，像他一直做的那样。我终于鼓起勇气说道：“我有一个很糟糕的消息，你的爸爸死了。”

儿子接下来的尖叫和哭泣声直到今天依然萦绕在我身边——它和我心里发出的尖叫和哭泣声共鸣着。什么痛也比不上那一刻的痛，即使现在回想起来，我依然会颤抖、喉咙发紧。这一切太可怕了，但我们挺过来了。我绝不希望任何人获得这样的人生洞察，但它确实是洞察。

虽然孩子们遭受了无法弥补的创伤，但他们依然很幸运；虽然什么也不能让他们的父亲回来了，但我们的环境为这样的孩子提供了帮助。很多遇到悲剧事件的孩子都没有这样的环境。在中国城市地区，有许多孩子处于贫困；而在乡村地区，这一比例更高。在美国，1/3 的黑人孩子、将近 1/3 的拉丁裔孩子、43% 的单身妈妈的孩子都生活在贫困状态中。父母中有一位入狱的孩子超过了 250 万，很多孩子患有严重的疾病，还有很多孩子被忽视、被虐待，或者无家可归。研究表明，严重的伤害会阻碍儿童智力、社交、情绪和学术方面的发展。

我们应给予孩子安全、支持和机会，帮助他们获得发展，尤其是在遭遇人生不幸时。早期的全面干预很重要。在“创伤敏感学校”，比如美国东帕罗奥图的小学，教职员会接受培训，他们能识别出压力对孩子们的有害影响。有些孩子行为不端时，他们不会受到指责、羞辱或严厉的惩罚，学校会确保他们有安全感，这样他们就能更安心地学习。学校还为学生提供心理健康和危机支持服务，同时为他们的父母提供教育指导。

众所周知，高质量的学前教育有助于儿童的认知发展，更早提供支持则会对孩子产生巨大的影响。在美国，经过严格的实验，护士家庭合作计划证实家庭对孩子的投入非常有价值。在贫困家庭，如果妇女从怀孕到孩子两岁期间能够得到家访和咨询，那么在接下来的 10 年里，这些孩子被虐待和忽视的情况将减少 79%。在这些孩子 15 岁时，他们犯罪的概率只是同龄人的 50%，而且他们的母亲接受现金援助的时间也不会超过 30 个月。像这样的计划有助于在家庭中培养孩子坚毅的性格。除了保持道德正确之外，这些投入在经济上也很有意义：每投入 1 美元能够产生大约 5.7 美元的收益。

我们都希望自己的孩子变得更具复原力，这样他们就有能力克服生活中大大小小的困难。复原力能够为我们带来更多快乐、更多成功，也会使我们更健康。正如亚当教给我以及蒂莫西的父亲本能地认识到的，复原力不是固定不变的人格特质，它是每个人一生的事业。

培养复原力取决于孩子所拥有的机会和他们与父母、照料者、教师、朋友之间的关系。我们可以从帮助孩子形成 4 个核心理念开始：（1）他们对自己的生活具有一些掌控力；（2）他们能够从失败中学习；（3）作为人类，他们的存在很重要；（4）他们具有可依赖、可分享的真正的优势。

这 4 个理念真的会影响每一个孩子。一项研究对几百个处于风险环境的孩子进行了为期 30 年的追踪研究，这些孩子的生活环境中存在着极度贫困、成年人酗酒或心理疾病等情况，2/3 的孩子到青春期和成年期时会出现严重的生理及心理问题。尽管经历了各种困苦，但其中 1/3 的孩子会成为“有能力、有自信、有爱心的年轻人”，他们没有违法犯罪记录，也没有心理问题。这些具有复原力的孩子都有一些共同之处：他们对自己的人生有强烈的掌控感；他们认为自己才是命运的主宰者；他们不会把消极事件视作威胁，而是视作挑战，甚至是机会。这同样适用于没有风险的孩子：最坚韧的孩子知道他们有能力改变自己的生活。他们的照料者也表达了清晰且一致的期望，让他们感到人生有条理、可预测，这更增强了他们的掌控感。

凯西 · 安德森让我领略到掌控感的强大作用。我最初是通过凯西的英勇事迹认识她的——她致力于在迈阿密拯救在性交易和性虐待中受害的青少年。凯西创建了一个名为“改变你的处境”（Change Your Shoes）的项目，帮助年轻女性认识到过去的创伤并不能决定她们的未来。凯西说：“她们觉得自己的选择很有限。像我一样，大多数女孩遭受过虐待，因此觉得自己无法掌控生活。我的目标是让她们明白，她们可以改变自己的处境，摆脱一切束缚她们的东西。她们可以每天前进一小步，一点点让生活变好。我鼓励她们改变自己的处境，认识到她们仍可以做出选择。”

在一家收留中心的客厅里，我和凯西参加了一次小组讨论。在那里我认识了杰伊 · 弗朗索瓦，一位 15 岁的母亲，她把刚出生不久的婴儿抱在腿上。杰伊描述了在家里被虐待的恐惧——她离开家，结果又成为性交易的受害者。作为回应，凯西分享了她自己的故事——她如何被养父虐待，离家出走，如何自杀未遂。凯西告诉女孩们，当意识到她唯一的出路是接受教育后，她的人生便彻底改变了。

凯西让女孩们一起分享她们的梦想。一个女孩说，她想成为艺术家。另一个女孩说，她想成为律师，帮助像她一样的女孩。还有的女孩想经营非营利机构，为有困难的女孩提供庇护。杰伊说，她的梦想是成为一个伟大的母亲。之后，凯西让这些女孩把有助于实现梦想的目标写下来。所有女孩都写下了相同的内容：她们需要完成学业。接下来，凯西让她们分享，为了达成目标，她们今天必须做什么，以及明天、后天必须做什么。一个女孩说“取得好成绩”，另一个女孩说“找一所高中，注册入学”，杰伊说“努力学习”。从那以后，杰伊排除万难，完成了高中学业，又进入大学深造。她说：“现在，我觉得未来就在我的手上——我的未来就是成为我女儿的好妈妈，给予她美好的未来。”

第二个影响孩子复原力的理念是“他们能够从失败中学习”。心理学家卡罗尔·德韦克发现，当儿童具有成长心态而非固定心态时，他们才能更好地应对逆境。固定心态意味着把能力看成一种与生俱来的或天生不具备的东西。例如，“我是数学奇才，但没有喜剧细胞”。但是，如果孩子拥有成长心态，他们会认为能力是可以学习和培养的，他们会努力提升自己的能力。例如，“我可能不是个天生的演员，但只要认真排练，进行刻意练习，我就会在舞台上表现出众。”

孩子会养成固定心态，还是成长心态，一部分取决于父母和老师给予他们何种类型的表扬。在实验中，德韦克的团队把学生随机分为两组，在考试后分别给予他们不同类型的积极反馈。结果，被称赞“聪明”的孩子在后来的考试中表现变差，因为他们把自己的才智看作固定不变的特质。当“聪明”的孩子遇到困难时，他们会认为自己缺乏相应的能力——他们不是尝试完成更难的测试，而是直接放弃了。但是，如果孩子因为努力而受到表扬，那么在做有挑战性的测试时，他们会更加努力。

德韦克和她的合作者证明，成长心态可以较快习得，而且效果惊人。有辍学风险的学生在线完成了一个强调能力可以被培养出来的练习后，他们的学业表现也改善了。大学新生在迎新会上完成同样的练习后，其中黑人学生、拉美裔学生以及父母是第一代美国移民的学生的辍学风险降低了46%。他们的学业困难似乎不再是个人的、持久的，像其他背景的学生一样，他们更有可能完成学校的课程学习。如果再配合高质量的教育和长期支持，这类计划将产生持久的影响。

如今，帮助孩子培养成长心态的重要性已经被广泛认可，但大家在实践中做得并不好，知行存在着明显差距：很多父母和老师知道这个理念，但没有成功地运用它。还有我自己，尽管我尽了最大努力，但有时也做得不够好。当女儿在考试中取得好成绩时，我仍会脱口而出“干得好”而不是“我很高兴你尽了自己最大努力”。前斯坦福大学院长茱莉 · 利斯科特 – 海姆斯建议所有的父母让孩子们知道，困难就是我们的成长方式，她称之为“正常化斗争”。当父母把失败看作学习机会，而不是需要回避的难堪之事时，孩子们更有可能主动迎接挑战。当孩子在数学上遇到困难时，你不要说“也许数学不是你的长项”，德韦克建议应该说“你觉得数学难，说明你的大脑在成长”。

第三个影响孩子复原力的理念是“他们的存在很重要”：要知道很多人在关注你，关心你，依赖你。很多父母会很自然地表达这种思想——他们认真聆听孩子说话，表现出他们很重视孩子的想法，并帮助孩子和其他人建立起牢固、安全的依赖关系。一项对2 000多名11岁到18岁的青少年进行的研究显示，很多孩子都曾遭遇重大不幸，但其中认为自己很重要的孩子出现低自尊、抑郁和自杀想法的可能性也较低。

在受歧视的群体中，孩子很难形成“我很重要”的想法。年轻的男女同性恋、双性恋、跨性别者和酷儿①（LGBTQ）受到霸凌和骚扰的比例很高，很多人在家、在学校得不到成年人的支持。年轻的同性恋、双性恋尝试自杀的可能性是同龄人的4倍，1/4跨性别年轻人称他们曾试图自杀。在特雷弗计划（Trevor Project）中，年轻的男女同性恋、双性恋、跨性别者和酷儿可以用短信和电话的方式免费进行咨询。马特·赫尔曼是一位受过训练的特雷弗热线志愿者，他强调说，知道有人关心自己，哪怕是陌生人，也能让他们有活下去的理由。“一些打来电话的孩子只有14岁，他们很害怕，他们只想知道有人和他们在一起，他们并不孤单。”他解释说：“这听起来像是老生常谈，但情况就是这样。”在4年的志愿服务中，马特会热情地问候对方，但打来电话的人经常什么也没说就挂断了。就像在一个实验里，受试者明明知道按一个按钮可以让噪声停止一样，打来电话又立即挂断的年轻人就是在查看那个按钮是否管用。一段时间后，很多孩子

① 酷儿理论认为性别认同和性取向不是“天生”的，而是通过社会和文化过程形成的。——编者注

听到志愿者令人安心的声音，会鼓起勇气和他们交谈。“很多人会反复打来电话，你会和他们成为朋友。”马特说。

成年人应该让孩子们知道，他们很重要。我一个朋友的儿子从很小的时候就出现了焦虑和抑郁问题。在参加营地活动时，他做了个机器人。第二天早上，他发现一些爱欺负人的坏孩子把它毁掉了。一个坏孩子对他说：“你就是垃圾。”这句话的意思很明确：他的作品不重要，他这个人也不重要。在学校里，这个孩子不愿意打棒球，也不愿意和其他孩子交流，因为他觉得同学们会取笑他。“他穿着连帽衫，坐在后排，躲在自己的世界里。”孩子的母亲告诉我。

当他的老师开始每周找时间和他交流时，情况便发生了转变。这位老师帮助他和其他孩子接触，他开始交朋友了。老师还提供了一些小建议，让他加入午餐时玩游戏的小组，给同学发邮件，邀请他们到家里玩儿或看电影。同时，老师会跟进，强化他采取的每一个步骤。这位老师会给他控制权，也会让他清楚地知道，她在照看他。这位老师让他知道，她在关注他，他很重要。当学校来了一个新同学时，这位老师便鼓励他们交朋友。结果，这两个男孩通过卡牌游戏交往起来，成为好朋友。

孩子的母亲告诉我：“就像太阳照进了我们家。”她又补充说：“什么事都不容易，我很高兴我们找到了好方法，包括冥想。而且，关心他的老师、和他交往的朋友都起了很大作用。”由此可见，感到自己很重要能够抵消外部的霸凌和内在的焦虑。

在丹麦，让孩子意识到自己很重要是学校课程的一部分。在每周被称为克拉森时间（Klassen Time）的一小时里，学生们会聚集在一起讨论问题、互相帮助。丹麦的孩子从6岁开始每周都要进行这样的活动，直到高中毕业。为了让活动更有吸引力，学生们每周轮流带蛋糕。当有人提出自己的问题时，其他人会认真倾听；当有人寻求建议时，其他人会觉得自己能帮助他人。倾听他人的观点，反思他们的行为如何影响周围的人，这有助于孩子学习共情。这种方式让他们学会了这样思考："其他人有什么感受？我的行为会让他们产生什么感受？"

坚毅的孩子持有的第四个信念是，他们拥有可以依赖和分享的优势。在印度最贫穷的地区，被称为女孩优先（Girls First）的坚毅计划改善了青春期女孩的身心健康。2009年，女孩优先计划首先在比哈尔邦开启试点项目，在那里，95%的女性接受的教育不足12年，将近70%的女性在18岁时怀孕。该计划旨在教导这些女孩发现并发挥自己不同的性格优势——从勇气到创造力，从公正到善良，从谦逊到感恩。她们每周参加一个小时，且活动持续6个月，这让女孩们的情感坚毅性大大提高。在一次学习中，一个名叫瑞图的八年级女孩了解到勇敢是她的优势之一。之后不久，她成功阻止了一个男孩对她朋友的骚扰。当她的父亲想把她九年级的姐姐嫁出去时，瑞图站出来，并成功阻止了她父亲的行为。

此外，史蒂夫·利文斯还创建了"女孩优先计划"。在一场严重的车祸中，他所幸没有受伤，当时他妻子正怀着他们的第一个孩子。史蒂夫说：“我意识到自己差点儿在女儿出生前死掉，这一切改变了我。”女儿出生后，史蒂夫充满了感恩，他想帮助其他孩子，于是接管了勉强维持经营的非营利机构柯斯顿（CorStone），并集中精力发展像“女孩优先”这样的计划。他第一年的目标是帮助100名印度女孩。6年后，这项计划已帮助了55 000名女孩。史蒂夫说：“我们的工作就是点亮一盏灯。这些女孩常说没人告诉她们，她们是有优势的。”

经历了创伤性事件后，帮助这些孩子发现自己的优势则至关重要。亚当的一名研究生凯文 · 阿塞玛尼9岁时，他的父亲对母亲施暴，导致母亲脑死亡。之后，凯文挺过来了，他说：“尽管我失去了母亲，但从来没有丧失她对我的信心。”母亲让凯文懂得，他很重要。之后，凯文朋友的父亲强化了这种理念，他还帮助凯文申请学校，由此改变了他的人生。米尔顿 · 赫尔西学校的使命是无论经济状况如何，都要给予孩子们最好的教育。米尔顿 · 赫尔西学校有非常棒的老师，而且凯文也有机会得到高等教育：如果助学金不足以支付凯文的大学学费，米尔顿 · 赫尔西学校会为他支付剩余的学费。

在学校，老师帮助凯文发现并发展了他的优势。一位老师鼓励他学习长号，于是，音乐成了他的救星，给予他希望——这个希望就是过上让他的母亲自豪的生活。上初中时，凯文成为他所在社区最棒的长号演奏者之一。然而，进了高中，凯文常受同学欺负——他是年级里个头最矮的男孩之一，很容易成为被欺负的目标。高年级学生总是暴揍他，在走廊里取笑他，传播他的谣言。当他在赛前动员会上讲话时，他们又喝倒彩，把他哄下台。

高中第二年新生入校时，凯文找到了捍卫自己和他人的力量——他迎接新生，为那些受欺凌的同学提供支持。而且，他还和新生分享他的音乐。到高三时，很多学生记住了他的歌。他被选为学生会主席，并享有在毕业典礼上致告别词的殊荣。凯文告诉我们："音乐教会我如何从逆境中振作起来，在这方面，音乐胜过一切。经历了家庭破碎的悲剧、在学校被欺凌，以及和女友分手这样的蠢事后，正是音乐把我的精力引导到积极的事情上。音乐改变了黑暗。"

此外，老师也和学生一样，能够从成长心态中获益。从20世纪60年代起，研究者已经证明，如果一位老师被告知，一些来自受歧视群体的学生具有成功的潜质，那么这位老师就会对他们另眼相待——他会帮助这些学生从失败中学习，为他们设定更高的期望，给予他们额外的关注，积极鼓励他们发展自己的优势。这也有助于让这些学生更自信、更加努力地工作，取得更好的成绩。

得到适当的支持后，理念便能激发行为，并具有自我实现的性质。如果相信自己能从失败中学习，那么你的防御性就不会那么强，而是更加开放。相信自己很重要，投入较多时间帮助别人，会使你变得更重要。相信自己有优势，你会开始看到运用它们的机会。

当孩子面对创伤时，那些有助于培养孩子复原力的理念会变得更加重要。据统计，美国有 180 万名儿童失去了父母中的一位。在一次民意测验中，这些孩子中近 3/4 的人说，如果他们的父母还活着，他们的生活会好得多。当被问到他们是否愿意用自己一年的生命换取已故的父亲或母亲多活一天时，超过 50% 的孩子表示愿意。

我对此有切身的体会。失去戴夫让我的孩子悲痛欲绝，我也悲痛欲绝——他们的悲痛又让我心碎。然而，即使在最黑暗的时候——也就是我的孩子刚知道他们的生活从此被改变时，依然有一线光明存在。当时，我儿子停止哭泣，感谢我回家陪他，也感谢我的父母和妹妹来到我家，这真是不可思议。那天晚上，当我安顿女儿上床睡觉时，她说："我不只为我们难过，妈妈，我也为奶奶保拉和伯父罗伯难过，因为他们同样失去了他。"这真是不可思议。我还记得明迪的母亲去世的那天晚上，她让我去她家陪她睡觉，后来却担心其他朋友会因此感到被冷落。即使在人生中最不幸的时刻，像明迪一样，我的孩子也能为他人着想，这让我看到了希望。

几天后，我和孩子们拿着一大张纸和彩色马克笔坐下来。这些年来，我们会在他们放背包的小柜子的上方悬挂标牌和日程表。卡罗尔说这样做会给孩子稳定感，当他们的世界秩序被打乱时，这一点就更加重要。我认为这种做法有助于建立"家庭规则"，我们把规则贴在墙上，提醒我们一些有益的应对机制。我们坐下来，一起写这份"家庭规则"。

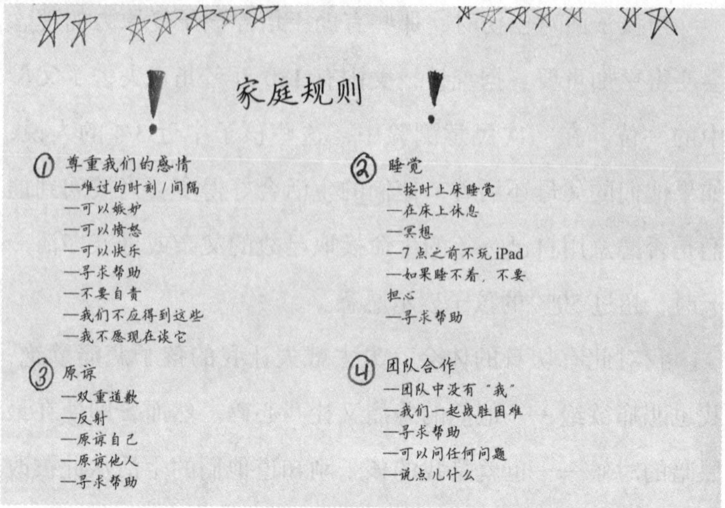

我想让他们知道，他们应该尊重自己的感情，不要试图压抑它们。我们一起写道：“可以悲伤，可以停止任何活动，哭一场；可以对依然有爸爸的朋友、表兄弟姐妹和堂兄弟姐妹感到嫉妒和愤怒；可以对任何人说，我不想现在谈这件事。他们应该知道这不是我们应受的惩罚。”我希望孩子在暂时摆脱悲伤的时候，一定不要有内疚感，所以，我们约定可以开心欢笑。

人们经常对孩子的复原力感到吃惊。从神经学来讲，儿童比成年人更具神经可塑性，因此他们的大脑在面对压力时更容易适应。卡罗尔告诉我，儿童一次能够处理的强烈情绪的量是有限的，他们的“情感跨度”比较短，悲痛更多是爆发性的，并不持久。孩子有时会通过行为改变和玩耍来表达他们的悲痛，而不是通过语言。就像卡罗尔告诉我的，我的孩子会非常快地陷入悲痛，然后非常快地跳脱出来；他们一会儿哭泣，一会儿又跑去玩了。

我意识到，睡眠非常有助于我们熬过这段时期。当我年幼时，我的父母总是强调睡眠的重要性，但我觉得睡觉一点儿都不好玩。有了自己的孩子后，我才知道他们的观点是多么正确。一个人在劳累时，身心都会变得很脆弱，变得暴躁易怒，缺少快乐的能量。而在逆境中，睡眠尤其重要，因为我们需要调动内在所有的能量。因此，我监督孩子们按时上床睡觉。如果他们入睡有困难，我就会教他们数 6 次呼吸，就像我母亲教给我的那样。

我们的伤口还很新，我知道我们以后还会犯很多错误，所以，原谅是一个重要的主题。去年，我和女儿参加了女孩领导力工作坊，学到了“快速的双重道歉”法，它要求当两个人伤害到彼此的感情时，他们应马上互相道歉，原谅对方，也原谅自己。极度的悲哀和愤怒会让人变得心烦意乱，所以我们非常信赖这个方法。当情绪失控时，我们会马上说对不起，然后我们会互相“反射”：其中一个人解释是什么事令人心烦，另一个人复述一遍，并道歉。这种做法旨在告诉对方，“你的感受对我们很重要”。有一次，我女儿哭了，她说：“我不高兴，因为你们和爸爸在一起的时间都比我多。”我儿子和我立刻承认，这的确不公平。

我在努力帮助孩子们善待自己，不要因为生他人的气而自责，也不要因为嫉妒其他孩子，甚至嫉妒我还有父亲而自责。我逐渐认识到，教他们自我怜惜是培养成长心态的一部分。如果他们能释怀昨天的悲伤，就能把今天看成崭新的一天。作为一个团队，我们发誓要这样做，就像做其他事情一样。

事情并不总是按部就班。戴夫去世前的很长一段时间，我就认识到为人父母是世界上最谦卑的职业，现在我不得不独自重新学习如何做个好妈妈。我的孩子需要应对他们的情绪，我也需要应对我的情绪，这使我做一些最基本的决定都变得困难起来。我和戴夫对孩子们上床睡觉的时间一向控制得很严格，但当筋疲力尽的孩子为失去父亲而哭泣时，你怎么让他按时上床睡觉呢？当小问题成为大争执时，你是该坚持以前的行为标准，还是忽视这些，因为你也有同样的愤怒？如果你放任事情的发展，孩子是否会对朋友发泄情绪？他们的朋友还没长大，未必能理解和原谅你的孩子。我犹豫不决，左右为难，犯了很多很多错误。

我要再一次感谢我的朋友和家人。我很欣赏母亲和她的朋友默尔提供的教养建议，并且会尽量遵照执行。我只说一次——保持平静。有时，无论我多么细心地筹划，计划依然会失败。一次，女儿拒绝离开家，拒绝和玛恩、菲尔、马克和普莉希拉一起去远足。其他人都在外面等着，我想努力说服她，许诺她一定会玩得很开心，但她就是不听。她坐在地板上，我拿她没办法，我达到了临床上所谓的“超级沮丧”的程度。菲尔走进来查看进展，发现我们俩都坐在地上啜泣。他开着玩笑，连哄带骗地让女儿站起来，加入了大家。普莉希拉也哄着我站起来和大家去远足。过了一会儿，我和女儿互相道歉，女儿在路上跑着，笑着。

现在，“家庭规则”依然悬挂在孩子的小柜子上方，直到最近我才注意到4个类别中都有“寻求帮助”这一项。我认识到，寻求帮助处于培养复原力的核心位置——孩子能够自如地寻求帮助，说明他们知道自己很重要。他们知道有人关心他们，愿意随时支持他们。他们知道自己并不孤单，而且通过寻求支持可以获得掌控感。他们将意识到，痛苦并不会一直持续下去，情况会好转。卡罗尔让我明白，在我因为无法缓解或疗愈孩子们的悲痛而感到无助时，只要能陪伴他们、倾听他们，我就会对他们有所帮助。

在与自己的情绪抗争时，我也不清楚应该在孩子面前表现出怎样程度的悲伤才合适。在最初的几个月里，我们时常哭泣。一天，儿子对我说，我哭的时候他很难过，于是我开始强忍眼泪。当眼泪快涌出来时，我就会跑回自己的卧室，把门关上。一开始这似乎有帮助，但是几天后，儿子生气地问我：“为什么你不再想念爸爸了？”为了不让他看到我的眼泪，我不再给他做行为的榜样，而那正是我希望他拥有的行为。我对隐藏自己的情绪表示道歉，又开始在他面前哭泣。

戴夫离开之后，我会不断地谈到他，这并不容易，我看到成年人会畏缩，好像这对他们来说太痛苦了。然而，我非常渴望让有关戴夫的记忆保持鲜活，当我提到他的时候，仿佛他依然在场。我的孩子还很小，我意识到他们对父亲的记忆会渐渐模糊，这会让我心碎。所以，我有责任让他们记住他。

我的一个朋友在6岁时失去了父亲，她告诉我，成年后她试图拼凑记忆的碎片，想了解自己的父亲到底是怎样的人。于是，我请戴夫几十个亲朋好友和同事通过录像回忆他。我的女儿和儿子再也不可能和他们的父亲交谈了，但有一天他们总会想了解自己的父亲，这时他们可以通过那些爱他的人去了解他。我还录下了孩子们对父亲的记忆，等他们长大，他们就会知道自己对父亲有着怎样的记忆。在这个刚刚过去的感恩节，我女儿看起来有些心烦，当我设法让她敞开心扉时，她告诉我："这么长时间没有见到爸爸，我在渐渐忘记他。"我给她看她回忆爸爸的录像，这很有帮助。

如果孩子在成长过程中对家族历史有充分的了解，比如他们的爷爷奶奶在哪里长大，父母有着怎样的童年，那么他们会拥有更好的应对技能、更强的归属感。开诚布公地谈论积极的回忆，甚至是令人痛苦的回忆，都有助于培养复原力。分享一家人如何在顺境和逆境中不离不弃的故事尤其有效，这会让孩子感到他们与比自己更重大的事物相联结。就像写日记可以帮助成年人应对逆境一样，这些讨论也有助于孩子理解他们的过去，接受挑战。让每个家庭成员讲述自己的故事，能够提升他们的自尊，尤其是女孩。而且，一定要将不同的观点整合到连贯的故事中，这有助于培养他们的掌控感，尤其是男孩。

一个年幼时失去母亲的朋友告诉我，一段时间后，她觉得母亲变得不真实了——人们要么害怕提到他的母亲，要么把他的母亲理想化。我尽量让记忆里的戴夫保持真实：他有爱心、慷慨、有才华、有趣，总是笨手笨脚的。他经常把食物洒得到处都是，而且当他把东西弄洒时，他总是一副很吃惊的样子。当其他人情绪纷乱但我儿子却能保持平静时，我会说："你就像你爸爸。"当女儿为受欺负的同学打抱不平时，我会说："你就像你爸爸。"当他们不小心把玻璃杯打翻时，我也会这么说。

父母经常担心怀旧主题的谈话会让孩子伤心，但相关研究显示出相反的结果。"怀旧"（nostalgia）这个词源自希腊词语"nostos"和"algos"，意思是"返回"和"痛苦"。从字面上看，怀旧是当我们渴望昨日重现时感受到的痛苦。但心理学家发现，怀旧在大多数情况下是令人愉快的。当人们回想一件美好的事时，他们会更快乐，感觉与他人的联结更紧密了，人生也更有意义，他们会更有动力去创造更加美好的未来。我们不应忽视过去的痛苦，而是从现在开始就要留意它们。我的朋友德文·斯珀吉翁年幼丧父，对于如何给戴夫过48岁的生日，他提出了非常棒的建议——他让我和孩子们给戴夫写封信，然后装进气球，放到天上。

我发现，人们讲述戴夫生前的故事时，通常都能给儿子和女儿带去安慰。戴夫的弟弟马克告诉孩子们，戴夫拥有"快乐能量"，而且乐于分享快乐："如果没有很多人参与，你们的爸爸也不会那么开心。"菲尔经常和孩子们说戴夫不吹牛、不自夸，他总是认真思考后才开口。我们都希望快乐而谦逊的戴夫能成为孩子们的榜样。我们在尽量充分利用选择B。

亚当告诉我，亚利桑那州立大学有一项计划，旨在帮助失去父母的孩子进行心理重建，其关键步骤之一是创建新家庭的同一性，让孩子觉得剩下的亲人依然可以构成完整的家庭单元。回头看戴夫去世最初几周、几个月里我们三个人拍的照片，我吃惊地发现，我们确实有一些快乐时光，比如孩子们和朋友们玩捉迷藏。照片很重要，因为我们不仅感受到快乐，还记住了快乐。戴夫的离开让我认识到录像是多么宝贵——在看他的照片时，我会渴望看到他在动，听到他说话。现在，我会尽可能多给家人录像。以前，我给孩子们录像时，他们会躲避，但自从通过看这些录像来记住他们的爸爸之后，他们开始对着摄像机微笑，对着它说话了。

亚利桑那州立大学的计划还建议为新的家庭单元留出一起玩儿的时间，这样孩子可以从悲痛中摆脱出来，感到自己又是完整家庭的一部分了。一起玩儿的活动不应该是被动的，比如看电视，它必须是主动的活动，比如玩儿棋盘游戏或一起做饭——我们称之为 FAF，它是“家庭大玩乐”的首字母缩写（Family Awesome Fun）。我儿子主动提出让妹妹选择第一次活动，之后，家庭大玩乐成了我们每周的传统，并持续了一年多。我们还发明了一种家庭加油助威的方式——我们仨挽着手臂，大喊：“我们很强大！”

我们仨还在适应只有我们三个人的生活。在不断应对、学习、犯错和成长的过程中，我们无数次互相道歉。作为个人，有些时候我们会觉得自己比其他时候更脆弱，但作为一个家庭，我们变得更强大了。

戴夫去世近一年后，一天下午，我去参加儿子学校举办的音乐会。尽管我努力不去嫉妒别人，但看到其他孩子的爸爸都来观看他们的表演，这一切仿佛在生硬地提醒我，我和孩子们失去了什么，以及戴夫失去了什么。一到家，我就冲上楼哭了起来。不幸的是，当晚我还要去上班，还要为脸书的全球大客户主持一年一度的晚宴。客户们陆续到来，我依然无法恢复平静。儿子和我在一起，我告诉他我需要停止哭泣，然后下楼。他拉着我的手说："妈妈，你走吧，即使你还在哭也没关系。每个人都知道我们家发生了什么。"他又说道："妈妈，他们可能也有让他们哭泣的事情，所以你应该做你自己。"

他在教给我那些我试图教给他的东西。

第 8 章

一起寻找力量

人类处在难以挣脱的相依相存之网中，
共同的命运将我们牢牢捆绑在一起。
无论有什么直接发生在某一个体身上，
都会间接影响到人类整体。

——马丁 · 路德 · 金

1972 年，一架从乌拉圭飞往智利的飞机撞上了安第斯山脉中的一座大山，裂成两截，冲下积雪覆盖的山坡。对于 33 名幸存者来说，这只是苦难的开始。在接下来的 72 天里，这群人与各种困难做斗争——震惊、冻伤、雪崩、饥饿。最终，只有 16 个人活了下来。

幸亏有人把它写成了书，拍成了电影，我们才知道为了生存，这群人采取了怎样极端的方法。最新的分析报告是由研究者、登山家兼亚当的同事斯宾塞 · 哈里森做出的，它不仅分析了这些人如何活下来，而且解释了他们为什么能活下来。斯宾塞追踪采访了 4 位幸存者，梳理了他们的日记，甚至和其中一位幸存者重回了失事地点。每位幸存者的故事都有一个共同的主题：他们内在复原力的关键在于心怀希望。

这架飞机上的45个人大多数是十八九岁和二十岁出头的英式橄榄球球员，那天，他们准备乘飞机去参加表演赛。飞机无线电受损意味着他们发不出信息，但仍能接收到信息。坠机后，他们最初的计划是躲在破损的飞机里等待救援。“我们都认为救援是生存的唯一机会，”幸存者南多·帕拉多写道，“我们几乎以宗教般的狂热紧紧抓住这个希望。”9天后，这群人的补给耗尽了。他们被迫利用仅存的食物资源——死去队友冰冻的尸体。第二天早上，几名乘客通过无线电听到搜救工作已经被取消了。队长说：“我们千万不能告诉他们，至少要让他们保持希望。”另一名乘客古斯塔沃·尼克里奇对此并不赞同，他大喊：“这是个好消息！我们要靠自己走出去了！”

我们通常认为希望在个人的内心中，但实际上人们可以一起构建出希望。通过创造共同的信念，个体能够形成一个有过去、也有光明未来的群体。

幸存者罗伯托·卡内萨说：“有人说‘只要有生命就有希望’，但对我们来说，情况反过来了——‘只要有希望就有生命’。”在那段饥寒交迫的漫长日子里，这些幸存者一起祈祷。他们筹划着重返文明世界后要启动的项目：一个乘客提出开餐馆，另一个乘客梦想着拥有一个农场。每天晚上，都有两名幸存者仰望月亮，想象着此时此刻他们的父母也在凝望着同一个月亮。还有一位乘客拍下照片，把他们的困境记录下来。很多幸存者给家人写信，表明他们求生的渴望。幸存者哈维尔·迈索尔写道：“尽管我们身处困境，但为了保持信念，我们不得不成为炼金师——把悲剧转化为奇迹，把沮丧转化为希望。”

当然，只有希望是不够的。很多乘客虽然满怀希望，但依然没能挺过去。不过，希望可以避免人们陷入绝望。研究者发现，当“人们对可能性产生新设想时”，希望便会产生并维持下去。如果相信存在新的可能性，人们就不会认为事情一成不变，就会有动力追求新选择，找到前进的动力和方法。心理学家称之为“有理由的希望”——如果采取行动，就能让事情变得更好。“我从来没有放弃祈祷，我不断祈祷救援人员的到来、祈祷上帝出手，”帕拉多回忆道，“但同时，一个无情的声音总在我的内心深处低语：‘没人能找到我们，我们会死在这里。我们必须制订计划，我们必须自己救自己！’”

之后，帕拉多、卡内萨和另一个幸存者开始了艰难跋涉，他们差点儿被冻死，所幸他们找到了飞机的尾巴，并机智地把机尾的隔热材料当睡袋用。在飞机失事近两个月后，这个临时的睡袋使帕拉多和卡内萨有条件开始了另一次远征。他们穿越危险地带，跋涉了 33 英里，登上了 14 000 英尺[①]高的山峰。10 天后，他们发现了一个骑在马背上的人。就这样，直升机营救了剩下的 14 位幸存者。

幸存者几十年来一直保持着亲密的关系，并形成了自己的小团体。每年的得救纪念日，他们都会聚在一起打英式橄

① 1 英尺 =0.3048 米。——编者注

榄球。他们共同创作了描述此番经历的书《雪社会》(*The Snow Society*)。2010年，当33名智利矿工被困在地下时，4名安第斯山脉的幸存者从乌拉圭飞到智利，通过视频为矿工打气。古斯塔沃·尼克里奇说："我们是想给他们一点儿信心和希望。我们让他们知道，只要他们需要我们，我们随时会提供帮助。"69天后，第一位矿工乘坐囊舱被升到地面上，几百人为之欢呼。用了整整一天的时间，33名矿工全部获救，他们终于可以和所爱的人团聚了。聚集在矿井外的人组成了帐篷城市，它被称为"希望营地"。

不仅个人可以建立复原力，人与人之间——在社区、学校、城镇和政府里，也可以培养复原力。当培养起共同的复原力时，我们会变得更强大，而且会形成能克服困难，战胜逆境的社群。集体的复原力不仅需要每个成员都怀有共同的希望，还需要他们有共同的经历、共同的故事和共享的力量。

对我和我的孩子来说，结识同样失去父母或丧偶的人能够给我们带来急需的安慰。在大多数宗教和文化中，悼念是公共的行为——我们聚集在一起，掩埋并纪念亡者。一开始，很多朋友和家人来到我家，确保我们24小时都有人陪伴。但是，朋友和家人最终都需要回归他们正常的生活，我们也需要重建新的生活。孤独感变得更强烈了。

戴夫去世第二周，我把孩子们安顿上床，独自坐在厨房里，脑子里闪过一个我以前从来没有想过的画面：年老的我坐在桌旁，面前放着拼字游戏板。戴夫不在我的对面，而我盯着对面空空的椅子……那一周，我和孩子们去了喀拉——当地的一家悲痛支持中心。在那里，我们结识了一些很久前失去亲人的人，他们告诉我们，我们不会永远陷在强烈悲痛的空洞中。这对我们很有帮助。喀拉的执行董事吉姆·圣图奇曾经失去了一个孩子，他解释说："当失去亲人或面临任何困难时，大多数人的内心深处都渴望人际联结。支持性群体可以让你和其他真正了解你的经历的人进行交流，这是深层的人际联结。它不只是'哦，我为你难过'，而是'我真的理解你'。"

之后，我的孩子也参加了体验营，那是为期一周的项目，专门针对失去父母、兄弟姐妹或主要照料者的孩子而开设。营地的两个核心目标是建立社群和激发希望。在一项练习中，孩子们处理与悲伤有关的情绪。以愤怒为例，孩子们可以用粉笔在人行道上潦草地写出令他们气愤的词语——有的孩子写下"欺凌"，有的孩子写下"癌症"或"毒品"，然后他们数到三，把水气球扔在地上，让地上的字迹模糊掉，这样孩子们就释放了愤怒。在下一项练习中，营员们要拿起代表内疚的砖头。当砖头太重时，另一个营员会来分担重量。这些练习帮助我的孩子认识到，他们的负面情绪是正常的，其他孩子也有这样的情绪。

为了加入经历悲剧的社群，我们不得不接受自己崭新的、不大受欢迎的身份。作家艾伦·洛克告诉我们，在他瘫痪后，"一开始我不愿和坐轮椅的人混在一起，我不想属于那个'俱乐部'。我不认为自己是个怪物，也不想加入怪物兄弟会。”他的想法不是一夜之间转变的。“这个过程花了我四五年时间，我觉得大脑里的每个细胞都需要改变，一次改变一个，就这样，我非常缓慢地接受这件事。”在转变的过程中，他渐渐接近了那些能够理解他的处境的人。他告诉我们，这样做的意外收获是——“他们是我见过的最有趣的一群人，因为他们最擅长黑色幽默。”

艾伦的观点触动了我内心深处的一根弦——很长时间之后我才能说出“寡妇”这个词，直到今天这个词依然会令我畏缩。“我是个寡妇”，接受这个身份使我交到了新朋友。在过去两年里，我结交的所有新朋友都有过不幸的经历（一开始我写的是“大多数新朋友都有过不幸的经历”，但我很快意识到实际上所有人都遭遇过不幸）。这个俱乐部很有凝聚力，当然没人想属于这个俱乐部。可能因为没人想主动进入这个社群，而我们又同病相怜，所以我们才能紧紧相依。

史蒂文·齐弗劳刚来到加州大学伯克利分校时，他觉得自己像个局外人，不仅因为他的年龄是普通大学新生的 2 倍（当时他 38 岁了），而且史蒂文在儿时受过虐待——他 10 岁就开始吸食可卡因，又因为盗窃、劫车进过少管所，后来还进过加州监狱。因为跟其他犯人打架，冲看守吐吐沫，史蒂文被单独监禁了 4 年。后来，他向加州立法机构证明了单独监禁本身就是“受刑”。

被释放后，史蒂文参与了一个“12 步计划”，并且获得了高中同等学力，还遇到了他的人生伴侣西尔维娅。之后，他发现自己非常喜欢英国文学，在社区大学学习了几年后，加州大学伯克利分校录取了他。虽然他获得了入学资格，但进入大学校园后他发现自己根本无法融入。他说："我去上英语课，但我在那里找不到自己的位置。"一天，史蒂文在去转学中心的路上，遇到了另一个30多岁的学生丹尼·穆里洛。他叫住史蒂文，说他一眼就看出史蒂文坐过牢。很快，这两个人发现他们都在鹈鹕湾监狱蹲过单独监禁。"那一刻，我意识到我完全有资格在加州大学读书。"史蒂文说。

之后，史蒂文和丹尼成了好朋友，他们联合起来反对残忍的单独监禁，还协助启动了"地下学者计划"（Underground Scholars Initiative），这是一个支持性团体，支持那些蹲过监狱的伯克利大学学生。他们经历过极度的孤寂，所以想集结成一个群体。"作为一个学生群体，我们希望让彼此尽可能获得有利的条件，以期成功。"丹尼告诉我们，"坐过牢的人很多时候不想寻求帮助，但我们想通过努力让他们明白，承认自己缺乏某些技能并寻求帮助，其实是一个人内心有力量的表现——想要做出改进，说明你并不软弱。"

波塞基金会（Posse Foundation）是另一个将具有类似背景的学生聚集在一起的组织，其目的是战胜孤立感。波塞基金会的名字来自一个才华横溢但非常孤独的学生，"如果我身边有哥们儿，那么我绝不会退学。"波塞基金会招募已经表现出非凡学术潜力和领导潜力的贫困高中生，让他们组成10人的小组，申请相同大学的奖学金。从1989年开始，波塞基金会帮助了近7 000名学生进入大学，其毕业率高达90%。如果我们真的想为他人创造机会，就需要像波塞基金会那样，长期且有力地提供公共及私人的支持。

除了共同的希望和共同的经历之外，共同的故事也可以增强集体的复原力。故事听起来好像“没分量”——故事能有多重要？它其实是我们对自己过去的解释和对未来的期望。就像家族故事有助于孩子产生归属感一样，集体的故事也能够创造集体的同一性。而且，强调平等这类价值观的故事对追求公正至关重要。

共同的故事通常来自对原有故事的重写和对不公平的刻板印象的驳斥。在美国及世界其他一些地方，人们常常认为女孩的数学成绩不如男孩。例如，如果在数学考试前，一些大学生被特别提醒了他们的性别，那么女生的成绩将比男生的低 43%。相同的考试如果被称为“解决问题测试”而非“数学考试”，那么不同性别的成绩差异就消失了。在另一个实验中，当黑人学生和白人学生被告知测验的目的是评估其语言能力时，黑人学生的分数就会比白人学生低。但是，如果不提语言能力，那么不同种族学生的成绩差异就消失了。

心理学家称此现象为“刻板印象威胁”，即人们担心自己被归入消极的刻板印象。焦虑会扰乱我们的思维，而这种担心也会变成自我实现的预言，导致我们恰好符合刻板印象。这种效应将对很多不同种族、宗教、性别、性取向和背景的人造成破坏，这就是波塞基金会要改写的故事。波塞基金会的孩子进入大学后，会形成迥然不同的学生形象。用一位波塞基金会校友的话说就是：“校园中流传着这样的看法，波塞的孩子又聪明又酷。”他们没有受到消极刻板印象的威胁，相反，积极的刻板印象激励着他们。

几年前，在写作《向前一步》时，我对社群在改变叙事上的作用有了新的理解。当我和女性们谈论实现抱负和目标时，最常见的一个反应是："我想在事业上进步……但我该怎么做？"女性在职场中较少能获得对成功至关重要的指导和上级的支持，但同伴的支持会对女性产生巨大的影响。我和三名对同伴指导充满热情的女性——蕾切尔 · 托马斯、吉娜 · 比安基尼和黛比 · 黑梅特尔组成团队，启动了"向前一步圈子"（Lean In Circle）。这个由同辈组成的小群体经常聚在一起，互相支持、鼓励。如今，在 150 个国家中已经有 32 000 个"向前一步圈子"了。超过半数的成员说，这个圈子帮助她们度过了困难时期。2/3 的成员认为加入圈子后，她们更有可能接受新挑战。我现在意识到，圈子有助于女性努力实现目标的部分原因在于，它培养了集体复原力。

东帕罗奥图的"千禧年拉丁裔圈子"使年长的女性和青少年女孩建立起联系，其目的是帮助这些年轻女孩（其中很多人是少女妈妈）进入大学并顺利毕业。千禧年拉丁裔圈子的创立者是瓜达卢佩 · 瓦伦西亚，她 16 岁怀孕后，便被迫转学。因此，群体中的很多成年人要么曾是少女妈妈，要么有过少年怀孕的家族史，她们知道少年时期怀孕对人生的影响，并决心改写下一代的故事。"我们都知道生活在一个从来不提'大学'这个字眼的家庭中意味着什么，"瓜达卢佩说，"但我们很清楚，对千禧年拉丁裔圈子来说，上大学不是一个选择，而是必须要去上大学。"瓜达卢佩成了圈子成员的榜样：除了从事全职工作之外，她还身体力行自己的口头禅——重返学校，并取得学历。

反抗不公正的人往往是不公正的受害者，他们必须找到战胜当下逆境的希望和力量，为改善明天而努力。从种族隔离的结束到疫苗的发展，世界上一些最伟大的成就恰恰源自个人的不幸。通过帮助他人应对艰难的处境，然后采取行动改变这些状况，集体复原力便能促成真正的社会变革。

有些苦难源自几个世纪以来的歧视——逐渐积累的不公正有可能压垮复原力最强的人。有些苦难是突如其来的。例如，当暴行突然袭来时，我们对人性的核心信念会动摇，此时，我们很难再坚持希望，我们有理由感到愤怒、沮丧和恐惧。这就是我会被记者安东尼·雷瑞思在脸书上发布的帖子所吸引的原因。他的妻子伊莲娜在2015年的巴黎恐怖袭击中丧生，两天后他写道："周五晚上，你们夺走了一个世间独一无二的生命、我一生的挚爱、我儿子的母亲，但你们不会得到我对你们的仇恨……我不会恨你们，因为那样你们会心满意足。"他承诺要战胜仇恨，不让仇恨影响他17个月大的儿子："我们会像往常一样玩耍。这个小男孩将用他一生的幸福和自由来侮辱你们，因为你们也不会得到他的仇恨。"

刚开始看安东尼的帖子时，我感到万分悲痛。当我看完时，便感到胸口有麻刺感，喉咙好像堵着什么东西。亚当告诉我这种感觉有一个专门的说法——"道德提升感"，它指的是不寻常的善行引发的道德被提升的感觉。道德提升使亚伯拉罕·林肯所说的"人性中的善良天使"显现出来。即便面对暴行，道德提升也会让我们看到人类的共性，而非差异。我们看到他人向善的潜质，便会获得对生存和复原的希望。我们受到鼓舞，就会同情他人，与不公正做斗争。就像马丁 · 路德 · 金所说："任何人都不能使你堕落，以至于对他心生恨意。"

戴夫去世后的那个月，一个白人至上主义者开枪打死了南卡罗来纳州查尔斯顿市的一位高级牧师和 8 名教区居民，当时他们正在以马内利非裔卫理公会教堂进行周三的《圣经》学习。戴夫的去世已经令我很伤感，这样毫无人性的暴力行为又让我陷入了更深的绝望。

后来，我听说了会众的反应——受害者的亲属来到法庭，他们宽恕了凶手。母亲被枪杀的纳丁 · 科利尔对凶手说："你夺走了我最爱的人，我再也不能和她说话，再也不能拥抱她……但我原谅你，怜悯你的灵魂……你伤害了我，伤害了很多人。如果上帝宽恕你，我也会宽恕你。"会众没有陷入仇恨，而是选择了宽恕，这使他们能够团结起来抵抗种族主义和暴力。枪击事件发生 4 天后，教堂正常举行了周日的礼拜仪式。5 天后，奥巴马总统在克莱门塔 · 平克尼的葬礼上讲话，并在会众中领唱《奇异恩典》。

这座教堂又被称为马内利圣母教堂，是美国南部最古老的非裔卫理公会教堂。它的会众经历过各种苦难，包括禁止黑人的法律、白人暴徒烧毁他们的家园和地震。每次灾难发生后，会众都会一起进行重建和恢复，而且他们也一定会进行情感上的重建和恢复。正如临近教区的监督长老乔瑟夫·达比牧师所说:“他们的慈悲源自世代传承下来的应对机制,那时在很多情况下,他们除了宽恕,别无选择,而且依然会为公正敞开大门。宽恕能让你超越粗暴的复仇,让你保持头脑清醒、追求正义。”

2015 年枪击事件后的那个周日,查尔斯顿市教堂的钟声在上午 10 点响起,并持续了 9 分钟——每个遇难者一分钟。当地教堂的牧师杰梅因·沃特金斯说:“将我们团结在一起的事物比分离我们的事物更强大。今天,我们对仇恨说‘不’,对种族主义说‘不’,对分裂说‘不’,对和解说‘是’。今天,我们对丧失希望说‘不’,对种族战争说‘不’……查尔斯顿,我们一起说‘绝不’,但不是在今天。”当社区重建后,教会又主持了一些防止暴力的会议。后来,联邦调查局发现一个系统故障导致枪手能够买到枪支,这时受到枪支暴力影响的家庭和教会、政治领袖联合起来倡议更严格的背景检查。

在查尔斯顿市,社会行动主义并不是新事物。在发生枪击事件的前几年,宗教领导者创建了查尔斯顿区域公义部(Charleston Area Justice Ministry),它是由 27 个宗教团体组成的网络,包括礼拜堂、犹太会堂和一个清真寺。达比牧师说:“查尔斯顿本没有不同宗教机构团结协作的传统,但基于某种神奇的缘分,情况改变了。在一般情况下他们会说‘这没有用’,但现在,他们开始坐下来商谈。”从那之后,每年公义部都会选择一个需要处理的问题,提出解决方法,并且在数千市民与政治领袖、宗教领袖聚集一堂的大型集会上解决这个问题。公义部最初的成就之一是说服美国教育委员会资助了几百个学前教育的缺口，扩展儿童早期教育。后来，他们成功地进行游说，减少了少年监禁和停学现象。此外，他们一直在帮助贫穷社区。在枪击事件后，公义部的工作重点转向了防止种族定性。达比牧师告诉我们："以前他们从不谈论种族问题，但在马内利圣母教堂悲剧发生后，他们意识到必须处理这类问题了。对于社区所面临的挑战，这是一个根本性的问题。"

我们可以努力防止暴力和种族主义，但很多不幸仍无法避免，比如失去亲人、意外伤害、自然灾害。仅在 2010 年，全球大约发生了 400 起自然灾害，造成大约 30 万人死亡，波及数百万人。对这些灾难的反应说明人类共同的希望、共同的经历和共同的故事能够点燃集体复原力的火花。但是，为了让复原力之火不灭，我们仍需要共享的力量，即影响我们自己命运的资源和权力。

有复原力的社区也具有强有力的社会联结——包括人与人之间的纽带、群体之间的桥梁、与当地领导者的联系。当我在世界银行研究印度如何在几十年前消灭麻风病时，我发现了当地联结的重要性。因为麻风病的传染性较强，所以麻风病人常常不寻求医治，任由其病情发展，甚至传染给其他人。所以，医疗工作者在走访有麻风病人的村子时，被断然拒绝——当地人不相信外人，女性患者甚至不愿意给陌生人看自己皮肤上的斑块。医疗工作者需要寻找其他方法，于是，他们说服村子的领导者进行早期排查工作。由领导者主持社区会议，招募当地非营利机构，并让一些老百姓表演短剧，告诉大家有早期症状的病人不会被排斥，而是会得到治疗和照顾。

这项工作让我强烈地意识到，哪怕最英勇的个人复原力也不足以应对贫穷和有病得不到医治的境况。当麻风病人被赶出自己的村子时，个人复原力对他们毫无帮助；只有社区开始治疗麻风病人，而不是驱逐他们时，他们才能得以康复和生存。

此外，被赋权的社区能够培养集体复原力。1994 年，卢旺达发生了种族灭绝大屠杀，几十万平民丧生。一些心理学家来到坦桑尼亚的难民营提供心理健康服务。他们发现，相对于治疗个体，加强社区支持脆弱群体的能力是更有效的措施。复原力最强的难民营被组织得像村庄一样，这里有理事会，有青少年聚在一起玩儿的地方，有足球场，有娱乐场所，还有做礼拜的地方。没有外来人当权，卢旺达人根据他们的文化传统进行领导。可见，自我组织提供了秩序，构建权力共享。

有时，为了反抗不公正的文化传统，我们需要集体复原力。在中国，27 岁以上的单身女性被称为“剩女”，她们面临着来自社会及家庭的压力，家人会催促她们赶紧结婚。这种现象源自一种普遍的观点，那就是一个女性无论接受过什么教育、取得了怎样的职业成就，她“在结婚前什么都不是”。例如，一位 36 岁的经济学女教授被 15 位男士拒绝，只因为她拥有高学历。后来，她的父亲禁止她的妹妹读研究生。在中国，大约有 80 000 多女性加入了“向前一步圈子”，她们一起努力构建权力共享，有一个圈子还创作了话剧《剩女的独白》（*The Leftover Monologues*）。在这部话剧中，15 位女性和 3 位男性否定了“剩女”的说法，而且大胆地抵制对同性恋的歧视、反对约会强暴等现象。

戴夫去世几个月之后，我和来自中国的 20 名圈子成员见了面。我尽可能信守之前的承诺，带着父母和孩子前往北京，在清华大学商学院的毕业典礼上讲话。这是戴夫去世后我第一次做公开演讲，我有些不知所措。在演讲前有机会和这些勇敢的女性交流，给了我很大勇气。两年前我见过这些女性，所以非常想了解她们取得的进展。她们谈到彼此间的友情，以及对自己的爱；她们谈到职业改变，谈到在父母面前坚持要按自己的规划安排谈婚论嫁。她们还谈到了大家一起采取的行动——这是她们一个人时绝对不敢做的事情。我感到胸口有种麻刺感，喉咙好像堵着什么。这可能是最好的提醒——社群能够给予我们力量，而且仅靠我们自己，有时是无法获得这种力量的。

在彼此的联结中我们发现了人性——生存的欲望和爱的能力。就像个人能够在创伤后获得成长，变得更强大一样，群体也是如此。我们永远不知道群体何时需要诉诸这种力量，但我们确信有一天自会用到。

在英式橄榄球队员的飞机撞上安第斯山脉之前，他们已经形成了凝聚力和信任。一开始，他们期待队长的指引，当队长没有这样做时，他们也没有丧失对彼此的信心。在南多·帕拉多和罗伯托·卡内萨完成那次使他们得以获救的远征后，过了很久，帕拉多写道："我们都有自己的安第斯山脉。"卡内萨补充道："当飞机撞上大山时，我们与社会之间的联结被破坏，但我们彼此之间的联结每天都在变强。"

第 9 章

在失败中不断学习

在我充满绝望的这一年，少数几个亮点之一是看到了一些成年男性哭泣——当然我也看见过女性哭泣，但这是比较常见的。

2016 年 4 月，我快把守寡的第一年熬到头了，前面还有三个可怕的里程碑——儿子过的第一个没有父亲的生日，我的第一个没有丈夫的结婚纪念日，还有令人心碎的戴夫去世一周年纪念日。

面对这么多令人沮丧的第一次，我想为孩子们找到一个积极的第一次——我决定带他们去洛杉矶参观太空探索技术公司的总部。在前 4 次尝试失败后，太空探索技术公司尝试将火箭降落在海上。公司首席执行官埃隆 · 马斯克邀请我们过去参观。这是戴夫去世后埃隆第一次和我见面，埃隆说他对戴夫的离开感到非常难过，又说："我理解接受这个事实有多难。" 2002 年，埃隆的第一个孩子在两个半月时突然夭折了。我们没有交谈很多，只是一起坐着，悲痛拉近了我们之间的距离。

在发射那天，我们和一群太空探索技术公司的员工一起站在公司的大厅里，面前的大屏幕上开始倒计时，位于佛罗里达的火箭准时发射。每个人都在欢呼。火箭的转向臂按计划打开，大家再次欢呼。每个环节成功时，太空探索技术公司的员工就会和负责那个部件的团队击掌，然后大家一起欢呼。

当火箭接近遥控船，尝试海上降落时，房间里的气氛紧张起来。这时，大家停止欢呼，变得非常安静。我的心脏狂跳，女儿和儿子紧张地抓着我的手。女儿小声地对我说："我希望它不要爆炸！"我点点头，几乎说不出话来。火箭下降了，它的三条腿打开了，但有一条腿滞后，使得火箭偏离了目标。房间里的人都倾向一侧，好像在试图纠正火箭的位置。后来，火箭又回到了正位，安全降落。房间里爆发出雷鸣般的掌声，就像在开摇滚音乐会。支持团队、技师和工程师一起尖叫着，拥抱着，哭泣着。孩子们和我也哭了。今天，回想到当时的情景，我依然会激动得发抖。

几年前，两位管理研究者想知道什么因素能够预测太空飞行是否会成功。从 1957 年伴侣号（Sputnik 1）第一次发射开始，他们追踪了近 50 年来全球 30 个组织的每一次发射，这些组织大多数是政府，也有一些私人公司。你也许会认为成功发射之后的再次发射最有可能取得成功，然而，4 000 多次发射数据显示了相反的结果——政府或企业失败的次数越多，下一次尝试时它们越有可能成功地把火箭送入轨道。同样地，相对于小失败，经历过火箭爆炸之后它们更有可能取得成功。由此可见，我们从失败中学到的比从成功中学到的多；而且，失败越大，我们的收获越大——因为我们会进行更仔细的审查。

很久之前，太空探索技术公司尝试第一次发射，但点火33秒钟后发动机着火，火箭被烧毁了。埃隆在发射前排查过10大风险，结果导致失败的是第11大风险。公司团队行动前的建议是："询问最重要的11个风险；第二次导致失败的原因比较小；第三次发射要不是因为一个小小的软件错误，本应取得成功。"埃隆反思说："我认为我们有进行三次尝试的资金，但实际上，当发生第三次失败时，我已经捉襟见肘了。"我和孩子们见证了成功的水上回收，那个时刻对大家来说意义重大，因为那是多次失败之后取得的最终胜利。

就像每个人都需要复原力一样，每个组织也是如此。在"9·11"恐怖袭击事件中，一些公司损失了数百名员工，但它们依然坚强地继续前进，我们从中看到了复原力。我们也能在金融危机后重新振作起来的企业和失去捐助者后进行重组的非营利机构中发现复原力。我看到了戴夫领导的调查猴子公司的复原力——悲痛中的员工围绕着主题标签"让戴夫骄傲"重整旗鼓。当发生失败、错误和悲剧时，组织的选择会影响其复原的速度和力量，而且也决定了它在未来将一蹶不振还是繁荣昌盛。

为了失败后的复原，我们需要从失败中学习。大多数时候，虽然我们明白这个道理，但很难做到。我们太缺乏安全感，不敢承认错误；或者我们太骄傲，不愿向别人承认我们的错误。我们不是心态开放，而是封闭自己，且防御性过强。具有复原力的组织会创造出鼓励个体承认失误和遗憾的文化，并且帮助大家克服这些防御和封闭的反应。

最近，这块黑板被挂在纽约市的中心：

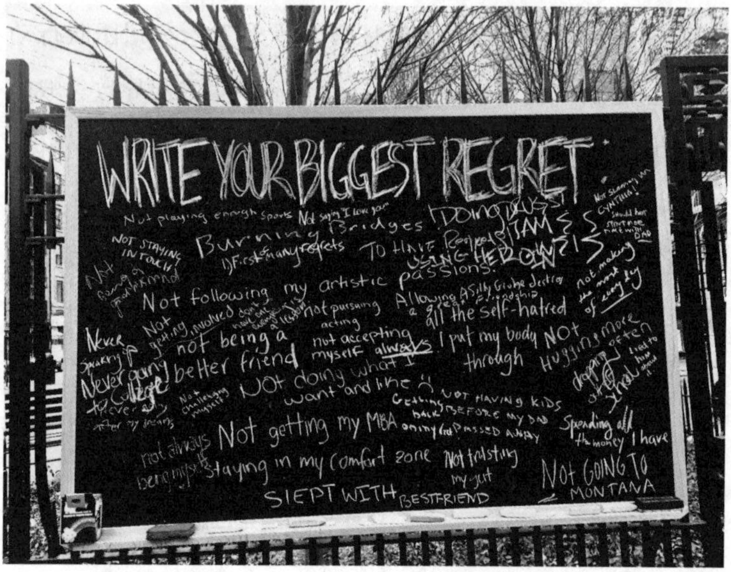

黑板上，人们写下的遗憾有几百条，它们大都有一个共同点：很多人遗憾自己当时没有采取行动，而不是行动后失败了。心理学家发现我们通常会为错过的机会而遗憾，而不是为我们抓住机会、采取行动而遗憾。就像小时候母亲经常对我说的："你只会对你没有做过的事情感到遗憾，而不是遗憾你做过了哪些事情。"

在脸书，我们认识到，若要鼓励大家冒险，就必须让大家接受失败，从失败中学习。当年我加入脸书时，公司墙上贴满了这样的海报："快速行动，实现突破！"我们是认真的。2008年，一个名叫本·毛雷尔的暑期实习生尝试找到方法防止我们的网站崩溃。他希望找到问题并解决问题，于是决定自行引发故障，结果意外导致脸书系统宕机30分钟。在硅谷，一家公司遇到的最大灾难之一就是运行突然中断。但是，我们不但没有批评本，首席工程师还宣布我们应该经常地人为引发故障——当然最好不要引起网站崩溃。他把这种做法命名为"本测试"，而且之后，我们正式聘用了本。

脸书是一家比较年轻的公司，所以我们的管理团队每年都会走访一家历史悠久的成功企业。我们去过皮克斯公司、三星公司、宝洁公司、沃尔玛公司和海军陆战队匡提科基地。在匡提科基地，我们接受了基本的训练。为了亲身感受海军陆战队的训练，我们背着装备在夜间跑步，军官还冲着我们大声地发号施令。在我们完成小任务时，军官也会继续冲我们大喊，比如收拾床铺、按照军事精度打开或关闭水龙头。第二天，我们四人小组必须把极重的袋子搬过一堵墙，而且不能让袋子碰到地面。对技术人员来说，这很有挑战性——他们平时加载的都是数字文件，而不是货物。结果，几乎没有一个团队完成任务，这种在体力挑战中的失败根本不让我吃惊，我没料到的是在根据命令关闭水龙头的任务上，我竟然也失败了。

在来到匡提科基地之前，我从来没在出现极差的业绩后进行过全面的盘查。在工作中如果出现了问题，重要的是负责人敢于承认这一点；一旦他们承认了自己的错误，那么大家一起坐下来认真讨论错误是如何发生的，以及错误为什么会发生似乎就是画蛇添足了，我担心这种程度的仔细审查会妨碍大家的冒险精神。结果，我吃惊地发现，每次课程或是每次训练之后，海军陆战队员都会进行正式的盘查；然后，他们把学到的东西记录在知识库里，这样每个人都能进行查看。

海军陆战队让我懂得了创建一种把失败看作学习机会的组织文化的重要性。如果冷漠无情，事后的盘查就感觉像公开挨鞭子。但是，如果这是统一的要求，就不会让人觉得它是针对个人的。在医院里，医疗专业人士的决定事关生死，他们会召开发病率与死亡率会议；会议的目的是回顾出现严重错误的病例，找出避免未来发生类似问题的方法——这些错误可能包括术后并发症、药物剂量错误或诊断错误。讨论是保密的，证据显示这些讨论有助于改善医生对病人的医治。

当我们可以安全地讨论错误时，便更有可能汇报错误，犯错的可能性也会降低。然而，典型的职场文化鼓励大家展示成果、隐瞒错误。拿简历来说，我从来没见过有一个项目叫“我很不擅长的事情”。科学家梅勒妮·斯蒂芬写了一篇文章，提出她的同行在简历上应该更诚实一些。普林斯顿大学的教授约翰内斯·豪斯霍费尔接受了她的挑战，贴出了自己的失败简历——长达两页纸的清单，包括申请学位课程被拒，应聘工作被拒，投稿被学术期刊拒绝，申请研究员基金和奖学金被拒等。后来，豪斯霍费尔说：“这份该死的失败简历获得的关注比我所有的学术工作都多。”

劝说人们对失败保持更开放的态度并不容易。和我一起在谷歌公司工作的金姆 · 斯科特常带着一只名叫“唉”的毛绒猴子参加每周的团队例会。她让同事们分享那一周所犯的错误，然后为最糟糕的错误投票。而那只毛绒猴子则会被摆在“获胜者”的桌子上，直到下一周其他人获得这份“殊荣”。没有比这更好的提醒——提醒人们努力尝试，公开地讨论失误。或许，团队中唯一对这种做法感到不开心的就是毛绒猴子“唉”，它没有一周可以休息，永远都要被当作不完美的象征。

在脸书和众多小企业打交道，让我认识到各种规模的组织都需要复原力。达蒙 · 雷德在科罗拉多自家的地下室里创办了户外服饰公司 Kind Design。之后，洪水暴发，他的地下室灌满了 5 英尺[①] 厚的泥水，他失去了设计图、计算机和几千件产品。因为他的家不位于洪水区，所以无法用财产保险弥补他的损失。达蒙抢救出一些受损的手套，他用高压水枪冲洗它们并烘干，然后打广告称它们是“洪水手套”。他在网上发帖子，告诉大家这些手套和其他产品（比如帽子、衬衫、卫衣）如何象征着科罗拉多人及其品牌强大的复原力与耐用性。就这样，他的帖子被疯狂传播，产品被销往美国 50 个州，他的公司获救了。

专注于从失败中学习的团队，其业绩一定比没有这么

① 1 英尺≈ 0.3 米。——编者注

做的团队的业绩更好，但并不是每个人都有幸在具有这样长远眼光的组织中工作。如果是这样，我们就只能设法找到我们自己的学习方式。亚当读研究生时，很害怕当众演讲。第一次面试沃顿商学院的教师职位后，校方说他永远当不了教师，因为他可能无法赢得那些挑剔的商学院学生的尊重。教授们一般不会教你如何传道授业，为了练习和提高，亚当志愿在其他人的课堂上做客座讲座。商学院的听众很不好对付，亚当不能用一个学期来和学生建立关系，他必须在一个小时里把他们争取过来。每次客座讲座结束后，亚当都会发放反馈表，询问学生他怎样讲才能更吸引人、更有效率。读学生的评价一点儿也不好玩，有些学生说亚当太紧张了，他搞得他们都在座位上"颤抖"。

进行完一节节浸着汗水的客座讲座后，亚当开始独立讲课了。讲了几周后，他让学生匿名反馈，然后他做了被几位同事认为极不明智的事情：他把全部评价通过电子邮件发给了全班同学。一位教授警告亚当说，这样做就像火上浇油。但亚当的另一个同事苏·阿什福德告诉他，收集消极反馈并采取相应行动有助于激发人们的潜能。苏的研究显示，想方设法让别人说你的好话反而会损害你的声誉，而征求大家的批评则说明你想进步。

在下次授课时，亚当首先分析了学生反馈中反映出来的主要问题：接下来，他分享了自己的改进措施，比如经常讲个人故事、使概念生动有趣等。学生还可以设计自己的学习计划，从而改变了课堂文化，这意味着亚当在向学生们学习。几年后，亚当成为沃顿商学院顶尖的教授，每个学期他都会征询学生的反馈，然后公开分享他们的评价，以改进自己的教学方法。

每个人都有盲点，即别人能看到，但我们自己看不到的弱点。有时，我们否认自己的弱点；有时，我们不知道自己做错了什么。在我的职业生涯中，教给我最多东西的人正是那些指出我的盲点的人。在谷歌公司，我的同事琼 · 布莱迪说，在会议上我没有施展出应有的说服力，因为我经常太早跳出来发言。她说，如果我可以再耐心点儿，让其他人先表达自己的观点，那么我就可以通过解决他们的问题提出更好的论点。此外，在脸书领导全球团队的戴维 · 费舍尔常常提醒我，我应该放慢速度，更多地倾听别人的想法。

反馈有时确实让人难以接受。失去戴夫大约 4 个月后，我接到他的牌友查马斯 · 帕里哈皮蒂亚的电话，他也曾就职于脸书。查马斯说他正要过来和我去散步，于是我穿戴整齐，开始在门前徘徊（好吧，我并没有这么激动，但我确实想见到他）。见面后，我期待查马斯询问我和孩子们过得怎么样，但我吃惊地发现他的目的竟然是督促我在工作上要继续上进。我震惊地看着他——应该说我有些气愤。“你想让我做得更多？你在开玩笑吗？”我说，现在我所能做的就是勉强度过每一天，不出太多乱子。查马斯完全不同意我的说法，他说我可以冲他大吼大叫，但他会一直提醒我，而且我需要设定雄心勃勃的目标。他建议我“回到该死的正轨上”——也只有他会这样建议我。当然，像这样挑战别人很容易产生事与愿违的结果，但查马斯非常了解我，他深知自己生硬的鼓励会给我所需的信心。他说，如果我不去尝试，就会失败。（他还使这本书用到了唯一的一次“该死”这个词。）

若要清楚地认识自己，最好方法之一便是让别人为你举起一面镜子。外科医生兼作家阿图·葛文德说：“顶尖的运动员和歌手都有教练，那么，你不应该有吗？”篮球教练格雷格·波波维奇领导圣安东尼奥马刺队五次问鼎 NBA（美国男子职业篮球联赛）冠军。某一年决赛失利后，他和队友坐下来回顾之前两场比赛中的每一个球，去寻找他们失误的地方。“对失误的反应决定了我们是谁，”他说，“我们总能做得更好。这就是一项不断克服失误的运动。”

球队还认识到，寻找能从错误中学习的球员很重要。2016 年，芝加哥小熊队在 108 年无缘奖杯后斩获世界职业棒球大赛冠军。总经理西奥·爱泼斯坦对此这样解释：“我们会把一半以上的时间花在讨论人上，而不是讨论球员……我们会让球探提供每个球员如何应对球场内外逆境的三个具体例子，因为棒球是建立在失败上的。有句老话说：“即使是最好的击球手，十次也会失手七次。”

在体育运动中，接受教练的建议是练习的全部要义。亚当把自己对反馈的开放态度归功于过去做少年奥林匹克跳水选手的经历。批评是取得进步的唯一途径。当亚当走进课堂时，他沿用了这种方法，他把学生变成了教练。

如果不把反馈看成是针对个人的，你就更容易接受。对批评保持开放的态度，意味着你会获得更多反馈，让自己变得更好。若想减轻批评带来的刺痛感，一种方法是评估你应对得好不好。法学教授道格 · 斯通和希拉 · 赫恩的建议是："在得到很低的分数后，你应该根据你如何处理第一次的分数来给自己的第二次打分……即使你得了F，如果处理得好，那么你仍可以在第二次得A+。"

倾听反馈的能力是复原力的表现，一些最善于倾听的人是在非常严酷的情况下获得这种能力的。当年我在麦肯锡公司做助理时，认识了拜伦 · 奥古斯特，我们俩被分配去完成同一个项目。作为公司历史上第一位非裔美国人总监，拜伦可以平静地把反馈看作"纯人类学"问题，这是他的原话。后来他告诉我，这种态度一部分来自他15岁时遭遇的创伤：当时他住在菲尼克斯市，他和亲戚的孩子，还有弟弟、父亲一起走路去家附近的餐馆吃饭。这时，不知从哪儿窜出一个酒驾司机，开车冲向人群，撞断了拜伦的双腿。当他在医院里醒来时，母亲告诉了他可怕的消息：他的父亲正处于昏迷中，而他10岁的弟弟则离开了人世。

那次车祸后，拜伦发誓不要成为悲伤过度的父母的麻烦。他在学业上一直都很优秀，并取得了经济学博士学位。他告诉我，对他来说，对于培养复原力最有帮助的事情便是不要把事情看得那么糟。他说："看清问题的性质或许是我的超能力。"他大笑着。如果项目没有如他所愿，他会说事情本可以更糟。"我常常对我自己和其他人说，'会死人吗？'死才是最糟糕的，失败还没有那么糟。"

拜伦让我看到培养团队和组织的复原力需要开放、坦诚的沟通。当公司失败时，通常几乎每个人都知道原因，但没有人敢把它说出来；当某人做了不良决策时，几乎没人有勇气提出来，如果那个人是老板就更是如此了。

一张我最喜欢的办公室海报上面这样写道："在脸书，没有什么事是别人的事。"在全公司的会议上，我对每个人提出挑战，让他们更坦诚地和一位同事交流。我设定的目标是每个月至少进行一次这种困难的对话。为了让对话顺利进行，我提醒每个人的反馈都应该是双向的。我认为，这句话可以让人对消极反馈更接纳："我之所以说出这些评价，是因为我对你的期待很高，我知道你能做到。"

在走访世界各地的办事处时，我问每个团队："谁在过去一个月里至少进行过一次困难的对话？"一开始几乎没人举手。（让我们面对现实：当我站在同事面前时，他们实际上更有可能多报，而不是少报。）随着我的坚持，我看到越来越多的人举手，有些领导者迈出了更大胆的步子，尝试对公司文化做出反馈。管理全球销售团队的卡洛琳·艾弗森在2 400人的内部团队中分享了她的业绩回顾，她希望整个团队看到她如何努力做出改善。

当寡居即将满一年时，我开始考虑进行一次重要而艰难的谈话。我每年都会为脸书的女性主办一个"领导力日"。前一年，我分享了自己的职场故事，也分享了我个人的忧虑和失败。我谈到，在人生中我有几次不确定自己是谁。我承认自己做过很多糟糕的决定，包括在20岁出头的时候结婚、离婚，然后和一些不合适的男子约会。最后我找到了戴夫，我真正的人生伴侣。那一年，我的结论是："我相信一切都能产生预期的结果，并有助于事情顺利发展。"

一年后，我的情况完全变了，我强烈地感觉到房间里的其他人也不容易。一位同事的母亲患了绝症，另一位同事刚刚经历了离婚。我只了解这两个人的情况，我相信还有很多人在默默地承受痛苦，就像大家在工作中经常会遇到困难一样。于是，我决定开诚布公，希望能帮助在生活中遭遇不幸的其他人。我谈到了 3P 模型和极度悲痛的感觉。我承认，之前的我不知道做个单身父母有多难，也不知道在家里一团混乱的时候上班保持专心工作有多难。我担心自己会说着说着就哭起来……我确实哭了，但最后我感到如释重负。在接下来的几周里，其他人也陆续敞开心扉——我们放出了一群蜂拥奔跑的"大象"。

那天，卡恩 · 马鲁尼也在房间里。我知道她需要做出一个重大的决定，因为我最近提拔她管理脸书的全球通信团队。但是，这个决定突然变得非常复杂，因为医生刚告诉她，她可能患有乳腺癌。她在等待检查结果，而且已经下定决心：如果结果是阳性，她就不接受这次晋升。她对我说："担心失去新工作和被告知可能患有癌症，加在一起让我难以招架。"卡恩不愿意在工作时讨论她的病情，她不想给别人添麻烦，她担心自己会显得很软弱。但是，听我在几千名同事面前分享了自己的挣扎之后，她看到了一丝可能性。

第二周，医生证实卡恩确实患有癌症，需要做手术并接受持续的治疗。我问她打算如何处理工作，并向她保证，无论她的决定是什么，我们都会全力支持。她告诉我，和其他病人的交流使她意识到自己非常幸运——在早期发现了癌症，而且她的公司给予她非常大的工作灵活性。她说她很害怕，但不想放弃她多年努力争取到的职位。我们一起为她制订了新工作的计划。

“我必须抛弃做一个‘无畏的领导者’的想法。”卡恩说。在第一次对200人的全球通信团队讲话时，她坦率地谈到了自己的病情诊断——她每天都要接受放疗，这很损耗身体，也让她变得健忘。“在对那一刻人生版本的设想中，我都是强壮、聪明、自信且鼓舞人心的。”她告诉我，“我想成为真正意义上的榜样，但我却告诉他们，我得了癌症，需要他们的支持。”

员工的反应给她留下了深刻印象——卡恩的团队成员齐心协力为她提供帮助，并且更多地分享他们在个人生活和工作中遇到的挑战。卡恩认为，这种开诚布公有助于员工更高效地工作。“你也许认为分享会减慢工作的速度，其实，隐瞒情况会耗费更多时间和精力。”卡恩说。实际上，在个人情况上保持开放坦诚也会使人们在工作中更加开放坦诚。过去，卡恩的团队经常在一对一的会面中讨论“吸取到的教训”，但多数人不愿意在众人面前讨论失败。现在，整个团队都欣然接受并分享“吸取到的教训”。卡恩说：“以前我们总讨论哪项工作干得漂亮，现在，我们也会讨论工作中的失误。”

卡恩努力走过了病后的第一年，她领导着全球通信团队并接受了放疗。在治疗的第一天，我送给她一条带有字母"YGT"的项链。她一开始有些困惑，因为她名字的首字母缩写是"CLM"。我解释说，这象征着我对她的信心——这些字母代表"你可以的"（You've got this）。

卡恩说："我现在经常对我的团队说'你们可以的'，他们也会对彼此这么说。这句话的确意义深远。"

第 10 章

再次爱，再次欢笑

2004 年，我和戴夫结婚时，他在雅虎工作，我就职于谷歌。当时，我们想了一个办法来处理两家公司以及一些婚礼嘉宾之间的竞争关系——我们开了个玩笑，让每个人选择代表不同公司的棒球帽，以区分“你是新娘的亲友还是新郎的亲友”。我提前订购了谷歌的棒球帽，而且对这些帽子很满意，直到戴夫把我的一个帽子带到雅虎的办公室，对他的同事说：“把我们的帽子做得更漂亮些！”他们确实这么做了。让雅虎团队高兴的是，很多谷歌的亲友整个周末都戴着雅虎的棒球帽。

我和戴夫在一起时总是交织着爱与欢笑，我们希望我们的婚礼也是这样。在婚礼的早午餐上，我送给所有女性朋友一个“好先生”玩偶。如果你挤压玩偶的手，它就会说话，比如，“今晚让我们抱抱”，或者“哦，你妈妈不能再住一星期吗”。我最喜欢的是“你拿着遥控器。只要和你在一起，我不在乎看什么”。在彩排晚餐时，戴夫的弟弟马克把幽默升级到了新的高度——他给我和我前男友的幻灯片做解说。

啊哈，其中真的有个“戴乳环的花花公子”。

我们的婚礼在亚利桑那举行，那天天气晴朗、微风徐徐。就在仪式开始前，我和戴夫，还有我们的家人和挚友聚在一个小房间里签署誓约，这是犹太教结婚证书的一部分。我先签，然后戴夫签下了他粗犷、潦草的名字。我们走向室外，草坪上已经铺设了一条通道。就在我走到通道尽头的位置时，听到前面的马克在怂恿3岁的男花童：“嗨，贾斯珀，我听说这次的婚礼不许穿裤子。”我妹妹插话说：“贾斯珀，不要乱喷口水！”我走上临时通道，对贾斯珀的反应大笑起来。这时，一阵风吹起了我的披纱，披纱高高飞起，差点儿把我拽倒。我稳住身体，和戴夫走在一起，拉比开始主持仪式了。

在传统的犹太婚礼上，新娘会围着新郎转7圈。我和戴夫互相围着转，四目相对。朋友们说看起来我们就像在跳舞。然后，在父母和兄弟姐妹的围绕中，我们面对面，一段一段地背诵我们一起写下的誓言：

> 你是我的爱。我发誓爱你每一天，感受你的快乐和悲伤，就像感受我自己的。我们将一起构建互相尊重、诚实相待、温馨舒适、互相理解、不断学习和相亲相爱的家。
>
> 你是我的朋友，我发誓接纳你的一切，帮助你成为你渴望成为的人。从今天起，你的梦想就是我的梦想，我会全身心地帮助你实现你的人生愿景。

我信任你，我相信我们将彼此忠诚一生，有了你，我的灵魂就完整了。

我知道我是谁，我想成为什么样的人。在我们喜结连理的日子，我把我的心交给你，永远和你心心相印。

我们信守这些誓言，一起生活了 11 年，在爱情和友情中拥有着彼此。突然，戴夫永远离开了我。每天夜晚，我心碎地走向大床，我会经过卧室墙上挂着的结婚证书，看到我们的誓言，它就在戴夫的衣柜旁边。这两样东西都令我难过，尤其是他的衣服——它们就挂在那儿，好像在等着戴夫回家。我也是。

几个月后，经过那面墙时我依然会屏住呼吸，我意识到需要对此做些什么。我不忍心把我们的结婚证书取下来，它依然挂在那里。我决定清理戴夫的衣柜。我简直无法描述自己对这件事的畏惧。无论如何，我都无法为此做好准备。卡罗尔 · 盖纳建议我让孩子们也加入进来，我们三个人开始清理。一堆几乎一模一样的灰色毛衣和衬衫让我们笑了起来（这也让我吃惊），它们来自几十年前戴夫参加过的会议。在拿出戴夫钟爱的维京队的运动衫时，我们哭了。孩子们挑选出他们想留下的衣服，女儿抱着戴夫的一件毛衣，说出了我们的心声："这件衣服有爸爸的味道。"

稍晚些时候，戴夫的母亲保拉和他的哥哥罗伯上楼来帮忙。16 年前，他们清理过戴夫父亲梅尔的衣柜，那同样是件令人悲伤的任务。他们从没想过某天会为戴夫清理衣柜，一种不真实感淹没了我们三个人。保拉拿起一件边缘磨损的灰色毛衣，那是戴夫最常穿的毛衣，我禁不住失声痛哭起来。我对她说："我真不敢相信你会再次经历这样的事情。你还好吗？你怎么可能还好？"她说："我没有死。梅尔死了，戴夫死了，但我还活着，而且会继续活下去。"她用手臂抱住我说："你也会活着。"她接下来说的话把我惊呆了："你不仅会活着，而且有一天会再婚，我会到场祝福。"

直到那时，我都没有想过重新寻找真爱。几个月前，我跟罗伯提起，我打算把挂在卧室的那张海滩之夜的照片取下来——我曾和戴夫一起挑选了那张照片，但现在它幽暗的画面让我觉得太压抑。我告诉罗伯，我想把它换成我、戴夫和孩子们的一张照片。罗伯摇着头说："这是你的卧室，不要有戴夫的照片，你要继续你的生活。"

说起来容易做起来难。我无法承受摘掉婚戒之痛，但每次看到左手上的婚戒，我都会感到自己生活在对事实的否认中。我把戒指挪到了右手，这样我依然能感到和戴夫的联结，而且没有假装我依然已婚。我甚至搞不清楚我对无生命物品的感受，所以根本没想过约会的可能性，更不用说谈起这个话题了。这让我觉得自己不忠，让我想到我是多么希望戴夫能复活。所以，当罗伯暗示有一天我的生活中会出现其他人时，我很快转移了话题。

同时，我从来不想孤独一人生活。我的父母很恩爱，从童年起我就渴望拥有像他们那样美满的婚姻，我认为这导致我太年轻时就结了第一次婚。我知道，在约会中强烈的独立感和“我可以照顾好自己”的信心对我很有帮助。第一段婚姻以离婚告终后，我会反复做一个令人紧张的梦，梦里我醒来寻找本应该睡在我旁边的那个人，却只看到空空的床，这才意识到我已是孑然一身了。和戴夫结婚后，我还会做这个梦，但当我醒来看到他睡在我身边时，更多是听到他的鼾声时，我就会松口气：“哦，这只是个梦。”现在，噩梦变成了现实。我独自躺在床上。当孩子们和朋友出去玩儿时，便剩下我一个人了。独自在家一个小时就会让我想到未来他们会上大学，会离开家，而我独守空巢的情景。我的余生会一直孤独下去吗？

玛恩提醒我说，独自一人会赋予一个人力量。一项持续了 15 年、对 24 000 多人进行的划时代研究显示，结婚只能提升个人的一点点幸福感。在 0 到 10 的量表上，幸福感得 6.7 分的单身者，结婚后这个分值将提高到 6.8。这个微小的提升通常发生在婚礼前后，一年后便会逐渐消失。如果受试者失去了配偶且没有再婚，那么 8 年后他们的平均幸福得分为 6.55。事实上，一些选择单身的人对自己的生活非常满意。心理学家贝拉 · 迪波洛发现：“单身者一直被污名化、被忽视，人们对单身者存在消极的刻板印象。实际上，一个人单身后依然可以幸福地生活。”她让我们想象已婚者受到像单身者一样的对待：“当你告诉别人你已婚时，他们会歪着头说‘哇’或‘亲爱的，别担心，你很快会离婚的’……在职场中，人们会假定单身者可以在假期加班，还可以给他们安排所有不方便的工作。”

像所有的夫妻一样，有时我和戴夫也会发生龃龉，但我们总是努力去解决问题。有一个我们永远无法解决的问题，就是我目前所处的情况。我曾对戴夫说，“如果我死了，我希望你能再次找到真爱”——只要他别娶个邪恶的女人做孩子的后妈，强迫孩子们穿斑点狗皮做的外套就可以。戴夫说这样的谈话太可怕了，于是再没和我谈起这件事。现在，我鼓励朋友和家人对配偶表达他们的担忧和期望。

失去配偶这个话题太沉重，人们都不愿去触碰。一个人失去配偶后，比寻找快乐更令人苦恼的则是寻找新的爱情。但对于我来说，仅仅是想到与别人约会就会触发悲伤，随之我又会感到自责。只是和童年时的朋友一起跳舞就令我泪奔，更何况……

多久之后开始约会算太快？我听说，英国有位女性在失去丈夫四星期后便开始和丈夫的铁哥们儿约会，人们对她这么快开始新恋情感到震惊，丈夫的母亲和她断绝了来往，她的很多朋友也远离了她。但这位女性说：“想骂我就骂吧，但悲痛对每个人的打击方式不同，我一点儿也不后悔。”当你成了寡妇，别人会同情你，希望你一直悲悲戚戚；但是，如果你开始约会，那么他们又会批评你，认为你的悲伤太短暂了。我的一个童年好友现在做了拉比，他告诉我，在犹太教中，对父母、孩子或兄弟姐妹的哀悼期是一年，而对配偶的哀悼期只有 30 天。他说：“拉比希望人们向前看。”

戴夫去世大约 4 个月时，我的弟弟戴维说，他想跟我谈点儿事。“我不知道现在提这件事是否合适，”他听起来比平时说话犹豫，“但我认为你应该考虑开始约会了。”像罗伯一样，他也向我保证戴夫绝不会希望我孤单。戴维认为，约会有助于分散我的注意力，让我对未来有更好的期待。他还说，如果我是个男人，应该已经开始约会了。

确实，配偶去世后，男性约会的可能性比女性更大，而且他们会更快地开始约会。在丧偶的中年人中，54% 的男性一年后有了新的恋情，而女性有新恋情的比例仅为 7%。

在丧偶的老年人中，15% 的男性在 6 个月后开始约会，而女性的比例则不足 1%。两年后，25% 的男性会再婚，而女性的再婚率只有 5%。人们对开始新恋情的男性不会那么严厉地指责，却认为女性应该永远高举爱的火炬，当火焰熄灭时，她们应该哀悼更长的时间。哭泣的寡妇符合我们的预期，而跳舞、约会的寡妇则不然。这些差异反映了源于人们对一系列问题的双重标准，这些问题包括面对新恋情，女性会感到更内疚、更焦虑；社会文化更认可男性娶个年轻女性；但从人口统计学上看，女性的寿命比男性更长。

一个现实的问题给女性造成的压力更大，那就是照顾孩子和年迈父母的责任。我的一个同事跟我聊过她的女性亲戚们，其中包括 4 个单身妈妈，没有一个人约会，更不用说再婚了。“我相信原因很多，”她说，“但她们都指出，抚养孩子让她们没时间也没钱去约会。”她的很多女性亲戚为了养家糊口不得不同时打几份工，因为她们的丈夫拒绝抚养孩子。女性当然想重新找到爱情，但保证孩子有吃有住就已经耗费了她们所有的精力。她们付不起保姆费，如果能帮点儿忙的家人或朋友又离得很远，那么对她们来说，约会就是一件她们负担不起的奢侈品。

在世界各地，失去配偶的女性依然面临着严酷的对待。在印度一些地区，寡妇会被自己的家人抛弃，不得不以乞讨为生。在尼日利亚的一些村庄里，寡妇会被脱光衣服，被迫喝用来洗她们丈夫尸体的水。在韩国，81% 的人歧视寡妇，土耳其的这个比例为 70%，中国为 54%。在很多国家，寡妇很难获得财产权。

没有什么事情比歧视女性的事情更能刺激我，所以在戴维说起我应该约会后，我开始考虑这件事。当我仔细考虑这件事时，一些问题冒了出来：努力向前走会不会让事情变得更糟？下一次约会会像以前那么可怕吗？之后，我开始偶尔在日记里写一写约会。在和好朋友和家人分享我的日记时（当我觉得分享日记比表达我的感受更容易时，我会这样做），我会把这些部分删掉。仅仅是想象去约会都会让我感到自责，而且我担心他们有什么过激的反应。

几个月后，我告诉菲尔我和一个朋友在互通电子邮件，我们的通信开始有点儿调情的味道了。菲尔的第一反应证实了我的担忧，他说：“我永远都是你的朋友，但戴夫是我的好朋友，我还没准备好。”菲尔的姑姑一年前失去了丈夫，当时她和我们住在一起。那天晚些时候，当菲尔和他姑姑在一起时，菲尔说，他认为他“把尴尬的对话处理得很好”，他姑姑答道：“你处理得糟透了。”

菲尔大吃一惊。一开始他坚持捍卫自己的立场，解释说："我遵循的是朋友准则，我在表示对戴夫的尊重，并没有指责谢丽尔。"但他姑姑说，即使他不是有意冒犯，他的反应也体现了对约会不支持的态度。菲尔特意返回我家，向我道歉。他还说，他希望我们能无话不谈，包括一起聊约会。我们互相拥抱，他真诚地说："我想我们都不应该停留在过去。"

其他人对这件事也不太接受。当媒体报道我在和某人约会时，一个男人发帖子说我是个"臭婊子"；还有人讽刺说我显然是个"名媛"，因为丈夫死了，而我"已经开始和新男人共享鱼水之欢了"。

幸运的是，我仍能在网上找到一些理解我的人。我读到作家艾贝尔·基奥写的一篇有关他妻子自杀后，他试着约会的博文。他写道："第一次和其他女人一起去吃晚餐，让我觉得自己对已故妻子的不忠……我充满了内疚和背叛感。"6个月后，他在教堂遇到了一位女士。在第一次约会时，他告诉她，他是鳏夫。这引起了这位女士的反感，不想再和他见面，但女士的父亲劝她再给艾贝尔一次机会。结果，不到一年后他们结婚了，现在他们有7个孩子。于是，艾贝尔为失去妻子的人写了约会指南。"总会有人不理解你为什么要重新开始约会，"他哀叹道，"他们会让你不好过，告诉你鳏夫或寡妇不应该再有爱情。他们的看法并不重要，重要的是，你是否已经准备好了重新开始约会。你不需要为自己的行为辩护。"

失去配偶的人已经极度悲痛、极度内疚了，指责只会让他们雪上加霜。大家不应把约会看成背叛，而是要认为他们在尝试战胜悲痛，找到快乐。这是相对比较善良的态度。我很感谢保拉、罗伯和戴维提起这个话题——他们提出约会的问题，然后又不留痕迹地化解了问题。

约会依然不能消除我的悲痛，所有失去亲人的人都会明白这一点。你和别人在一起的时候依然会想念逝去的配偶，但如果这个人让你很安心，那么你可以在他面前表达悲伤，他也会帮助你战胜悲痛。我和一个3个月前失去妻子的朋友一起吃早餐，我对他说，他应该在准备好的时候开始约会。我希望给予他友善的鼓励，就像戴夫的家人给予我鼓励那样。后来，他进行了第一次约会，并给我发来邮件："这种感觉很怪异，第二天我依然很难过。尽管当时很尴尬，但我感觉自己向前迈出了一步，我觉得自己又活了。"

在刚刚过去的那个夏天，我结识了特蕾西·罗宾逊，我们的孩子参加了同一个夏令营。像我一样，她是个有两个孩子的寡妇。失去丈夫丹的这些年来，她感到非常孤独。她依靠朋友排解孤独——有些朋友和她走得更近了，但有些朋友却令她失望。她没有想过约会，但后来她遇到了米歇尔。"她很善良，"她告诉我，"我爱她，但和对丹的爱不同。"在那个夏天，特蕾西和米歇尔结婚了，这一切发生在丹去世5年后。现在，特蕾西依然想念丹，她说再婚并没有改变这一点，但她坚决认为自己应该抓住机会，因为人生说不定什么时候就瞬间结束了。"虽然我非常不想这么说，但我从来没有这么快乐过。"她告诉我，"有时，我们需要经历一些很糟糕的事情，才能意识到已然存在的美好。”

如果对恋爱中的人进行大脑扫描，那么就能显示出他们的活力和快乐处于令人陶醉的状态。坠入爱河后，我们会获得自信、自尊，并拓展我们的个性。我们常常会沾染恋人的一些特点——爱上好奇的或沉静的人，会让我们认为自己也有点儿好奇或沉静。

约会给我的生活重新注入了幽默感。我跟和菲尔提到的那个男人开始通电子邮件，起初断断续续，后来变得比较频繁。在日复一日的交流中，他总能让我欢笑。他说自己是“分心之王”，他确实是，他帮助我更多地关注当下和未来，发现快乐的时光。

在面对死亡时，开任何玩笑都不合适，更糟糕的是开死亡本身的玩笑。但我发现自己经常这样做，然后我会非常惊骇，就像把手和胳膊伸进不许碰的曲奇罐里被抓个正着。我记得在戴夫的丧礼后，前男友走进我家时，我开了第一个玩笑。他拥抱我，说他感到很难过。“这都是你的错，”我说，“如果你是个异性恋，我们就会结婚，那么这一切都不会发生。”我们都笑了。然后我倒吸一口凉气，对自己竟然开了这样的玩笑惊骇不已。

几周后，我和戴夫的妹妹艾米一起在楼上的房间里哭泣。突然，我抬起头说：“好吧，至少我不用再看他喜欢的烂片了。”那一刻，我们俩都惊得说不出话来，然后又一起大笑起来——因为戴夫对电影的欣赏品位确实很糟糕，几乎像我对电视剧的品位一样糟。每次想到这些玩笑，我依然会感到难堪，但它们赶走了令人无比压抑的忧伤。后来，罗伯也开起了玩笑，他脱口说出他永远不会原谅戴夫，戴夫把妈妈、妻子和妹妹甩给他，现在谢丽尔每天恨不得给他打 20 个电话。这很好笑，因为这是真的。罗伯真倒霉，我没有领会他的暗示，也没有少给他打电话。

渐渐地，我不再会因为开这种玩笑而倒吸一口气——只要这是他活着时我们一起开过的玩笑，但关于他的去世的玩笑依然令人心悸，不过它们确实有助于打破紧张气氛。一天，一个知道戴夫想让儿子上私立学校的朋友吃惊地问我，我儿子怎么上的是公立中学。我说："如果戴夫想让孩子上私立学校，他就应该活着，促成这件事。"我们的朋友呆住了，但他很快放松下来，因为他意识到我是在开玩笑。然后，我们进行了戴夫去世后第一次真正意义上的交谈。

幽默会增强我们的复原力。研究表明，接受外科手术的病人如果观看喜剧，他们对止痛药的需求就会减少 25%。喜欢开玩笑的士兵能够更好地应对压力。一个人失去配偶 6 个月后仍能很自然地欢笑，说明他的适应性比较好。如果夫妻俩经常欢声笑语，那么他们的婚姻更有可能持久。从生理上看，幽默能够降低心率，使肌肉放松；从进化上看，幽默是环境安全的迹象。笑声会打破僵局，让紧张的局面不再具有威胁性。

幽默还能在道义上纠正错误。在面对可怕的局面时，一两句玩笑至少会暂时改变力量的平衡——无助者会变成胜利者，失败者成为说了算的人。梅尔 · 布鲁克斯说他之所以敢开希特勒和纳粹的玩笑，是因为“如果你能调侃他们，说明你已经远远走在了前面”。几个世纪以来，宫廷小丑是唯一能对权贵说真话的人，他们可以质疑国王或王后。在如今的美国，深夜电视节目里的喜剧演员发挥着这样的作用。

在葬礼上，开玩笑很常见，因为幽默有助于我们战胜悲伤。在和我一起写《向前一步》之前，内尔 · 斯科韦尔为电视喜剧写剧本。她有四个兄弟姐妹，母亲去世时，在致悼词前她拿出一个信封，对大家开玩笑说：“信封里有妈妈最喜欢的孩子的名字。”内尔的一个朋友在丈夫去世后便开始写日记，表达对丈夫的感情。她写道：“现在，他成了更好的倾听者。”喜剧演员贾尼斯 · 米西特的丈夫在他们结婚两周后突然去世，当她被问及她是如何失去丈夫时，她反驳道：“他没有迷路，[①] 他的方向感很好。他死了。”幽默能带来宽慰，哪怕只是一小会儿。

我努力继续向前走，所以带着“分心之王”去参加了亲戚的婚礼。又有了舞伴让我感到宽慰，但参加家人的婚礼却没有戴夫在身边，这依然令人难以应对。音乐响起，我摆出一副迎接挑战的表情。一位女士走过来说：“我听说你在约会，真高兴你现在没事了。”另一位女士和我的舞伴握手，然后转过来对我大声感叹道：“真高兴看到你从戴夫的逝去中走了出来。”我知道她们都是好意，都想让我开心，但我并不开心——我并未从戴夫的逝去中走出来，永远也走不

① “失去”的英文 lost 也有“迷路”的意思。——译者注

出来。

结婚时，我们发誓“永远相爱，直到死亡将我们分开”。在我们看来，爱是行动——比如帮助朋友，照顾孩子，睡在某人身边，所有这些都依赖于那个人是活着的。迄今为止，我认识到的最重要的事情之一是，你所爱的人离你而去后，你会继续深深地爱着他们。虽然你不能再拥抱他们或是和他们交谈，你甚至开始和别人约会或爱上别人，但你依然会深爱着故去的人。剧作家罗伯特 · 安德森对此有完美的阐述：“死亡会结束生命，但不会结束关系。”

去年夏天，我和三对夫妇一起吃晚餐，他们都是我的好朋友，不过他们才刚刚认识。这三对夫妇一边吃一边轮流分享他们如何相识的故事，某位丈夫或妻子照例会插嘴说些有趣的逸事。谈话开始时，我觉得胃里不舒服。一开始我认为这是一种悲伤的感觉，因为朋友们太粗心，我就坐在那里，他们却讲述着他们的爱情故事。当时戴夫已经去世 15 个月零三天了，对大多数人来说，这件事不再是他们一下子就能想到的事。生活在继续。那天晚上，我早早回到家，我告诉朋友们，我觉得不太舒服。

第二天早上醒来时，我更加气恼，我不是生朋友们的气，他们绝对不想伤害我，而是因为我意识到没有人会再问我，我和戴夫是怎么认识的。当夫妻们轮流讲述相识的故事时，他们会跳过我。戴夫去世了，我们那些有趣的相识故事也不再有趣。询问别人怎么认识他们死去的伴侣，这似乎很残忍，没人会这样做。但是，对鳏夫及寡妇来说，不去问就意味着他们错过了回忆那些浪漫往事的机会。我打电话给特蕾西 · 罗宾逊，我们达成一致意见：从今往后，我们会问像我们一样失去配偶的人，问他们是怎么认识他们已逝的丈夫或妻子，让他们有机会重温第一次见面时的兴奋。

我和亚当在研究复原力的过程中，也考虑将这些经验运用到爱情上。我们都希望自己的爱情能够承受住压力，让双方都更坚强，帮助我们克服生活中的起起落落。我们很容易在新恋情中看到这种情况。心理学家发现，当人们恋爱时，即使争吵都会让彼此变得更有吸引力。你有没有听说过吵架后做爱？当过了蜜月期，夫妻俩就开始面对日常的小吵小闹，关系也会变得越发紧张。有时夫妻俩会遭遇毫无征兆的不幸，比如爱人生病、失业或抑郁。有些不幸源自错误或糟糕的选择，比如配偶不忠、说谎或无情无义、虐待家人。有时，尽管我们努力争取，但婚姻已经无法维持或者不应该继续维持。

为了增强婚姻中的复原力，我们需要关注夫妻间的日常交流。在一项著名的研究中，130 对新婚夫妻被邀请在“爱情实验室”里过一天，“爱情实验室”类似简易旅馆。心理学家观察这些夫妻“在自然环境中”的互动，预测哪些夫妻将白头偕老。他们预测了这些夫妻未来 6 年的离婚可能性，准确率达到 83%。这其中的关键在于夫妻间的对话，这些对话通常始于一方尝试获得关注、爱、支持或欢笑。当你说“嗨，看那只鸟”或“我们是不是没有黄油了”诸如此类的话时，我们就是在进行尝试。另一方有两个选择：不予理睬或积极回应。不予理睬意味着忽视对方的尝试——“别说什么小鸟了，我在看电视。”积极回应则意味着参与对话。“好的，我会买些黄油，再买些爆米花。”6 年后没有离婚的新婚夫妻在 86% 的情况下会积极回应对方，而离婚的夫妻回应对方的比例只有 33%。大多数夫妻不是因为金钱或性爱争吵，而是因为“没有积极回应这类交流的尝试”。

亚当的同事简·达顿认为，所谓有复原力的夫妻关系就是夫妻两人能承受强烈的情绪和压力的关系。它不仅是两个具有复原力的个体的联结，而是复原力成为关系本身的一个特征。我已故的朋友哈里特·布莱克是一位治疗师，她出版了很多有关爱情的书籍。她常说任何婚姻中都存在三方：你、对方和关系本身。关系是有意义的实体，需要保护和滋养。

保护和滋养关系的一个方法是两人一起做些小事情。恋爱后，情侣们会发现激情渐渐消退，重新点燃激情的一种方法是尝试新的或令人激动的活动。我记得我和戴夫在一个周末参加过一场郊外举行的婚礼，大部分时间我们会玩拼字游戏。那时，刚刚离婚的一个朋友看着我们，感慨他和他的前妻从没有真正一起做过什么，他的新目标是找到一个可以和他一起玩拼字游戏的人。显然，在他看来拼字游戏就是一项令人兴奋的活动。我也这么认为。

为了使关系持久，伴侣们一定要有应对冲突的能力。当一对新婚夫妻需要谈论 15 分钟他们的婚姻中持续存在的争执时，妻子或丈夫表达的愤怒程度与他们 6 年后是否会离婚无关。实际上，离婚夫妻最常见的模式是：妻子提出一个问题，丈夫反唇相讥或极力辩解，之后，妻子会感到难过，她会厌恶丈夫或开始冷战。婚姻持久的夫妻不会让消极影响升级，双方都会表现得幽默、有爱。他们会承担自己的责任，设法妥协；即使在争吵中，他们也会发出更深层的信号，告知对方他们没事。

当我们和伴侣争吵时，很容易陷入自己的观点中，而更开阔的视角有助于解决冲突。在一项研究中，研究者指导一些夫妻从旁观者的角度写一写他们之间最大的争执。结果证明，每人仅写三篇，每篇用时 7 分钟就足以帮助夫妻俩在接下来的一年保持恩爱的婚姻关系。

当然，牢固的婚姻关系并不能解决所有问题。我的朋友詹妮弗 · 约菲深爱她的丈夫，她的丈夫也爱她，他们有两个可爱的孩子。詹妮弗是我认识的最友善、最宽容的人之一，但 35 年来她对自己却很不宽容。“我非常不喜欢我自己，我很恨自己，我也不尊重自己的身体。”她说。她像我女儿这么大时失去了父亲，极度的悲伤引发了她几十年来的强迫性暴食。“我用食物来治疗失去父亲的悲痛，”她说，“随着我逐渐长大，我又用食物来维持我和世界之间的保护层。”

几年前，詹妮弗的女儿放学骑自行车回家时，被车撞了。当天晚些时候她女儿就出院了，但这场差点发生的灾祸颠倒了詹妮弗的视角。“我最大的担忧差点儿成为现实，我意识到，我并没有真正在过自己想要的生活，”她说。她可以在一段时间内暂停强迫性暴食，但到来年春天，她又会开始暴饮暴食。后来，得知戴夫去世的消息，詹妮弗立即过来安慰我们。这是一个美好的转折，她在帮助我们的同时也使她获得了帮助。“再次看到这一切，就像成为过去的圣诞幽灵一样，”她告诉我，“我看着你的女儿，想让她知道她的世界已经永远地改变了。这很不公平，但这不是她的错，也不是任何人的错，这就是生活。我希望她爱自己，也希望我的女儿爱她自己。但是，如果他们的妈妈都不爱自己，我们又怎么能指望女儿和儿子爱自己？”

詹妮弗已开始学着善待自己，就像善待别人一样。她意识到，“你无法逃脱成瘾症，你必须依靠强大的复原力，这需要你好好爱自己，这种爱是他人无法提供给你的”。当詹妮弗开始自我同情和自我接纳之后，她便可以控制她的成瘾症了。现在，她还辅导其他有情绪性暴食问题的女性。她是我的榜样，提醒我为了拥有充实的人生，我们需要爱——这种爱不仅来自其他人，也源于我们自己。

就像人生中的很多事情一样，是否能找到真爱并不是我们能控制的。我在脸书的同事尼娜·乔杜里努力想要实现她一生的愿望——结婚生子。她父母的婚姻是包办婚姻，他们很相爱，后来她父亲在她 3 岁时去世了。“在跟着单身妈妈长大的过程中，我认识到一个事实：孤身一人不是她的选择，那是她的选择 B。”尼娜梦想结婚生子，她的母亲鼓励她寻找真正适合她的伴侣，为爱结婚。于是，尼娜开始寻找“完美”的男人。在她 20 多岁第一次约会时，她立即问自己：“这是我可以嫁的人吗？”尼娜保持着乐观的态度，但经历了越来越多无果的在线相亲和盲目约会后，她开始疑惑她和母亲共有的梦想是否会实现。

在尼娜快40岁的时候，她意识到，能否坠入爱河并不是她能控制的事情，但她可以选择要个孩子。她担心怀孕的风险，所以考虑领养。“43岁时，我恍然大悟，认识到人生的价值不在于你设想了什么，而在于完成了什么。”她说。她决定自己领养一个孩子。当她把这个决定告诉哥哥时，他欢呼起来，紧紧拥抱她。她的母亲也开心极了，并且告诉尼娜说，孩子是上帝赐予的礼物。“家人的支持进一步证实了我的感受——是的，我可以做到！我很幸运，周围有这么多人爱我、关心我。”尼娜告诉我，“谁说一个家庭必须有男人、女人、孩子和白色的尖桩篱栅？在我的选择B中，B代表‘婴儿’（baby），我们俩将一起创造我们的选择A！”

这个选择需要尼娜坚持不懈的努力。之后，尼娜被一个婴儿的生母选中，但这个婴儿患有先天性心脏缺损，只能活一周。尼娜告诉我她不后悔，她说她“爱了那个孩子7天，无比美好的7天”。尽管这是一段残忍的经历，但她进一步坚定了自己领养孩子的决心。就在情人节前，尼娜给我发了一封电子邮件，标题是“介绍你认识……”当看到她怀抱着刚出生几个小时的婴儿的照片时，我的心跳加快了。在照片上你看不到尼娜的眼睛，因为她的眼睛紧紧地注视着她的女儿。她的电子邮件只写了简单的几个字：“就这样爱上了她，我简直不敢相信！”

爱的复原力意味着从内在寻找可以与他人分享的力量。

你要设法让这份爱能够承受人生的起落。当人生不像你计划的那样发展时，你还是可以用自己的方式去爱这个世界。当生活残忍地夺走你所爱的人时，你应该找到再次爱、再次欢笑的希望。即使你爱的人离开了，你也要找到另一种方式，继续爱下去。

——

在我写这本书时，距离发生在墨西哥的那个不幸的日子已经过去了快两年。我的孩子们失去了父亲两年，我失去了一生所爱两年。

安娜·昆德伦告诉我，我们混淆了复原力和内心封闭。40 年前，她失去了母亲。“我现在是否比当时更容易接受这个事实？是的。”她一边喝咖啡一边说，“我是否依然非常想念母亲，就像隐隐的牙疼？是的。我是否依然会拿起电话，试图打给她？是的。”

时间向前推进，从某种意义上看，我也在前进。但从另一种意义上看，我并没有前进。现在，我相信了戴维斯·古根海姆第一个月对我说的话：“悲痛必会展开。”写这本书或尝试寻找人生的意义并不能替代我的悲伤，有时，悲痛就像海浪一样袭来，闯入我的意识，使我无法感知其他。这份悲伤有可能在一些可预见的重要的日子里袭来，比如我和戴夫的结婚纪念日；它也可能在意想不到的时候发生，比如无意间收到了发给戴夫的垃圾邮件；有时，我会在厨房的餐桌上工作，当恍惚觉得戴夫在开门回家时，我的心就会突然一沉。

然而，像海浪一样闯入意识的悲痛，也会像潮汐一样退去。我们不仅挺住了，而且会在某些方面变得更坚强。选择B依然为我们提供了选择——我们仍可以爱……仍可以发现快乐。

现在，我知道我们不仅有可能从不幸中恢复，而且能够继续成长。我愿意用这份成长换回戴夫的生命吗？当然愿意。没人会选择以这种方式成长。但是，事情发生了，我们无从选择。艾伦 · 洛克这样描写他的瘫痪："我不会说这是'塞翁失马，焉知非福'，这种说法会让人起一身鸡皮疙瘩。它不是福，它是不折不扣的祸。但是，有失必有得。在某些时候，我并不确定所得小于不可避免的损失，还是大于这个损失。"

悲剧不必是个人的、普遍的或持久的，但复原力可以是。我们可以培养复原力并保持一生。既然马拉拉心怀感恩……既然凯瑟琳 · 霍克能得到第二次机会去帮助别人获得第二次机会……既然剩女可以团结起来与社会歧视做斗争……既然马内利圣母教堂的会众可以超越仇恨……既然艾伦 · 洛克可以保持他的幽默感……既然乔 · 卡斯帕可以和儿子一起创造共同的命运……那么，我们所有人都可以找到内在的力量，并且一起增强这种力量。每个人心中都有不灭的光。

在戴夫的葬礼上我说，当年在婚礼上，我和他一起走在仪式的通道上时，如果有人告诉我，我们只能一起生活11

年，我依然会继续走下去。我做了戴夫 11 年的妻子，和他一起为人父母 10 年，这些经历比我所能想象的更幸运、更快乐。我对我们拥有的每一分钟都充满了感恩。我用以下这些话结束了我的悼词：

> 戴夫，今天我会向你做出几个承诺：
>
> 我承诺，我会把你的孩子培养成维京人队的粉丝，尽管我对橄榄球一窍不通，而且确信这支球队还没赢过。
>
> 我承诺，我会带孩子们去看勇士队的比赛，而且注意只在勇士队得分时欢呼。
>
> 我承诺，让我们的儿子继续打在线扑克，尽管你允许他 8 岁起就开始玩这个游戏了——而大多数爸爸首先会和妈妈探讨让这么小的孩子玩网络扑克是否合适。还有我们的女儿：当她 8 岁时，也可以玩网络扑克，但早一分钟都不行。
>
> 戴夫，我承诺让你的孩子了解你是怎样的人，在场的每一个人都会和我们分享你的故事，帮我做这件事。戴夫，我会让孩子们知道你对他们的期望，你爱他们胜过世界上的一切。
>
> 戴夫，我承诺会努力过让你感到骄傲的生活，尽我所能像你那样对待朋友，以你为榜样，努力使世界变得更美好，永远珍藏对你的记忆，爱我们的家人。
>
> 今天，我的一生所爱将安息，但我们只是埋葬他的

> 身体，他的灵魂、他的精神、他非凡的给予能力将依然与我们同在。从人们分享的他的故事中，我能感受到他的灵魂、他的精神和他非凡的给予能力，在家人和朋友的眼中我能看到它们。最重要的是，它们也让我们的孩子拥有勇气和复原力。世事无常，但在戴夫 · 高德伯格活着的日子里，世界变得更美好了。

是的，在戴夫 · 高德伯格活着的日子里，世界变得更美好了——因为我们一起生活的岁月，因为他生前和去世后教给我的东西，我变得更好了。

OPTION B 共同创建复原力

我们邀请您访问 OptionB.Org，那里有许多和您一样面对人生挑战的人。您能在这个网站读到很多在面对不幸、疾病、虐待，以及处于其他困境中仍具有复原力的人们的故事，您也会发现对帮助您和您深爱的人有用的信息。

让我们联结在一起，彼此支持，共建复原力，重拾快乐。

OPTION B 致　谢

当写一本有关复原力的书时，人们很自然地会以自己或者所爱的人曾经面对的困境作为开头。这本书有许多人参与其中，在这个项目中，我们变得越来越亲密。在这里，我要感谢每一个人，感谢你们的专业和贡献，还要感谢你们的坦率和信任。

内尔·斯科韦尔以英雄般的坚持参与了本书的编写。她坚持不懈地对每一句话、每一个段落精雕细琢，以确保全书准确无误。内尔的超群才干在本书中显露无遗。作为记者，她是故事构架和故事打磨的大师。作为演讲稿撰写人，她是吸引听众注意力的大师。作为喜剧作家，她是幽默大师，无论台前幕后。我们欣赏她对于细节的追求、切中核心的能力，以及对这个项目的忠诚、爱和真正的牺牲。这本书每一页都体现了她娴熟的技巧，没有她，我们写不出这本书。

记者斯泰西·卡利什为本书进行了超过40场访谈，并以她特有的同情心向受访者问出很多不那么好面对的问题。

斯坦福大学社会学家玛丽安娜·库珀尖锐的分析帮助我们聚焦，她关于社会和经济不平等的深厚学识为本书提供了宝贵的支持。

我们在克诺夫（Knopf）出版社的编辑罗宾·戴瑟十分理解我们要平衡情感与科学研究的需求，她知道怎样将二者相结合，她贯彻始终的热忱帮助我们走到终点。克诺夫出版社总编辑索尼·梅塔和总裁托尼·基里科一度是我们的选择A，很感激二位的支持。同样要感谢克诺夫的首席执行官马库斯·多赫勒在企鹅兰登书屋对我们所有工作的大力支持。我们的代理詹妮弗·沃尔什和理查德·派恩为这本书出版进程的每一步都提出了卓越的建议，贡献了温暖的友谊。

戴维·德雷尔和埃里克·伦敦是沟通艺术的大师和值得信赖的顾问，他们理智的声音仿佛一座永不熄灭的灯塔，给我们以指引。丽兹·布儒瓦和安妮·考恩布鲁特慷慨地贡献了她们的时间，以及她们对于人、语调和情感的深刻洞察。拉克兰·麦肯齐贡献了他的同情心和他非凡的才能，用形象易懂的方式描述难以解释的概念。基恩·斯珀灵常来拜访，他天生就有发现问题的能力，帮助解决了很多甚至我们自己都没有意识到的问题。梅丽尔·马尔科就是黑暗中的那道光，为我们带来了欢声笑语。

雷切尔·托马斯是谢丽尔·桑德伯格与戴夫·高德伯格家庭基金的总裁，她领导着LeanIn.Org，努力支持全世界女性实现梦想。现在，她的工作重心转移到OptionB.Org上，没有人比她更适合这里了。我要对整个团队说出我最特别的感谢，感谢你们每一天都带着热情和创造力投入工作。我还要特别感谢詹娜·波特的设计天赋，阿什利·芬奇的领导力和执行力，感谢凯蒂·米兹拉尼和萨拉·梅塞尔帮助人们分享他们的故事，瑞娜·萨德勒和迈克尔·利纳雷斯创造了OptionB.Org，梅根·鲁尼和布里吉特·海尔根的言辞恰到好处，波比·托马森拥有杰出的纠错能力，克拉莉丝·赵以及埃比·斯派特对OptionB社区提供了大力支持。衷心感谢诺曼·让·罗伊，你拥有在照片中捕捉到复原力精髓的天赋，感谢迪兰·麦基和麦基传媒的团队，你们为我们的英雄记录下了影像。

我们很幸运，有博学的朋友们给予建议。卡罗尔·盖特纳提供了如何帮助儿童面对悲伤的建议，麦克西恩·威廉姆斯贡献了她关于偏见和种族多样化的深厚学识，马克·博德尼克督促我们找到合适的案例以诠释3P模型。艾米·舍夫勒教给我们医院从防止失误中学到的经验。安德里亚·索尔分享了她的公关能力和政治实力。拉比杰·摩西、牧师斯考提·麦克伦南、科里·穆斯卡拉、雷扎·阿斯兰和克里斯塔·蒂皮特贡献了他们独特的宗教观点。安娜·昆德伦鼓励我们表达出因悲伤而产生的孤独感。雷伯·雷贝尔帮忙更新了关于复原力研究的最新进展。阿瑞亚娜·赫芬顿提醒我们，人们读书不只是为了学习，还为了看到希望。克雷格和克尔斯滕·内维尔－曼宁一如既往地分享他们关于语音语调的重要发现。斯科特·泰尼强调了在悲剧发生前进行心理建设的重要性。诺拉·巴拉克曼和泰莎·里昂斯－莱恩在书中

“出动”了“大象”。劳伦·博恩在非常棒的翻译穆罕默德的帮助下，采访了瓦尔法。丹·莱维和格雷斯·宋告诉我们有复原力的小企业是什么样子的。卡拉·斯维舍和梅洛迪·霍伯森帮助我们修正关键术语。瑞基·塞德曼帮助改善内容的连贯性和表达的清晰性。迈克尔·林顿鼓励我们把这本书和上一本书联系起来。科林·萨默斯耐心地回答我每天关于内容和格式的问题。我们还要把诚挚的谢意送给艾莉森·格兰特，她不只贡献了关于精神健康的知识，还在我们的整个写作过程中奉献了她的爱与支持。

克诺夫出版社的团队一开始就带着热情加入进来，后来这热情升腾为狂野的奔放——保罗·博加兹，我们在看着你哦。本书因你们勤奋而充满激情的工作收益良多：彼得·安德森、莉迪亚·布希勒、詹尼特·库克、安娜·杜本、克里斯·吉莱斯比、艾琳·哈特曼、凯瑟琳·胡里根、安迪·休斯、詹姆斯·金姆堡、斯蒂芬妮·克劳斯、詹妮弗·科迪拉、尼古拉斯·拉提莫、贝斯·梅斯特、丽莎·蒙特贝罗、詹妮弗·奥尔森、奥斯汀·欧马里、卡桑德拉·帕帕斯、劳拉·潘、丹妮尔·普拉夫斯基、安妮-丽兹·斯皮策、安科·斯泰内克、丹妮尔·托斯和阿米拉·扎克曼。艾伦·费德曼将我们的手稿高标准地印刷成书。我们同样感激超级耐心的艾米·莱恩，她的谨慎细心只有她自己才能超越，因为我们关于牛津逗号的邮件几乎数不清。

每个人都参与了本书的封面设计，并且带着爱意。我们感谢基斯·海耶斯，感谢你的创意；感谢克诺夫出版社的团队：凯利·布莱尔、卡罗尔·卡森、詹妮特·汉森、奇普·基德、彼得·曼德尔桑德和奥利弗·曼迪，感谢你们使封面设计变成现实。我们也感谢约翰·鲍尔、霍莉·侯克、劳伦·莱姆和肖恩·瑞森泰勒·米尔斯堡。

我们很幸运，一直得到WME和InkWell团队的支持，尤其是埃里克·佐恩、伊丽莎·洛斯坦恩、纳撒尼尔·杰克斯和亚历克斯·赫利。真诚感谢特雷西·费雪，感谢你的专业，感谢你把这本书推广到全球。

许多朋友和同事阅读了草稿，给出了诚实的反馈。感谢你们付出的时间和提出的建议：乔伊·鲍尔、阿曼达·本尼特、杰西卡·本尼特、戴维·布莱德利、乔恩·科恩、乔安娜·科尔斯、玛格丽特·伊文、安娜·菲勒、斯蒂芬妮·弗兰德斯、亚当·弗里德、苏珊·冈萨雷斯、唐·格雷汉姆、妮可·格兰尼特、乔尔·卡普兰、卢梭·卡兹、迈克·路易斯、萨拉·鲁切恩、舒伊勒·米兰德、丹·罗森斯维格、吉姆·桑图希、凯伦·凯赫拉·舍伍德、安娜·汤普森、克里娅·蒂尔尼和卡罗琳娜·韦伯。我们还要特别大声地感谢拉里·萨默斯，这是他在手机上阅读的第一本书。

我们也借鉴了许多杰出社会科学家的研究，他们的研究成果在我们的书中起到了重要作用——尤其是3P模型（马丁·塞利格曼）、社会支持（佩吉·托伊茨）、自我同情（克里斯汀·聂夫和马克·利瑞）、表达写作（杰米·彭尼贝克和辛迪·钟）、失业（里克·普莱斯和阿米拉姆·维诺克）、创伤后成长和意义感（理查德·泰德斯基、劳伦斯·凯尔霍恩和艾米·瑞斯尼斯基）、幸福和情绪（詹妮弗·阿克、米哈里·契克森米哈赖、丹·吉尔伯特、乔纳森·海特、劳拉·金、布莱恩·利特尔、理查德·卢卡斯、索尼娅·柳博米尔斯基、C. R. 斯奈德和蒂莫西·威尔逊）、培养孩子的复原力（马歇尔·杜克、卡罗尔·德威克、格利高里·艾略特、妮可·斯蒂芬斯和戴维·耶格尔）、群体弹性（丹尼尔·阿尔德里克、丹·格鲁伯、斯蒂文·霍伯弗尔、米歇尔·拉蒙特和米歇尔·梅耶）、职场失败与学习（苏·阿什福德、艾米·埃德蒙森和萨宾·苏南塔格）、失去与悲伤（乔治·博纳诺、德博拉·卡尔、达林·雷曼和卡米拉·沃特曼），以及爱和关系（阿瑟和伊莲·阿隆、简·达顿、约翰和朱莉·戈特曼）。

我们向在本书和在 OptionB.Org 上分享自己故事的人致以最崇高的敬意，这其中大部分人都是他们本不愿加入的某个俱乐部的成员，很感激他们贡献出自己的智慧。我们被他们的复原力，以及他们寻找人生意义和快乐的强烈愿望激励着。在巨大的失落与空虚逼近的日子里，从他们的故事中汲取力量，将支撑着我们，向前一步。

OPTION B 注　释[①]

前　言

8 "No one ever told me": C. S. Lewis, *A Grief Observed* (New York: Harper & Row, 1961).

9 **after losing a parent**: See, for example, Timothy J. Biblarz and Greg Gottainer, "Family Structure and Children's Success: A Comparison of Widowed and Divorced Single-Mother Families," *Journal of Marriage and Family* 62 (2000): 533–48; Kenneth S. Kendler, Michael C. Neale, Ronald C. Kessler, et al., "Childhood Parental Loss and Adult Psychopathology in Women: A Twin Study Perspective," *Archives of General Psychiatry* 49 (1992): 109–16; Jane D. McLeod, "Childhood Parental Loss and Adult Depression," *Journal of Health and Social Behavior* 32 (1991): 205–20.

9 **by six months, more than half of people**: George A. Bonanno, Camille B. Wortman, Darrin R. Lehman, et al., "Resilience to Loss and Chronic Grief: A Prospective Study from Preloss to 18-Months Postloss," *Journal of Personality and Social Psychology* 83 (2002): 1150–64. For further evidence, see George A. Bonanno, *The Other Side of Sadness: What the New Science of Bereavement Tells Us About Life After Loss* (New York: Basic Books, 2010).

12 **To fight for change tomorrow**: See Geoff DeVerteuil and Oleg Golubchikov, "Can Resilience Be Redeemed?," *City: Analysis of Urban Trends, Culture, Theory, Policy, Action* 20 (2016): 143–51; Markus Keck and Patrick Sakdapolrak, "What Is Social Resilience? Lessons Learned and Ways Forward," *Erdkunde* 67 (2013): 5–19.

第 1 章　重新呼吸

15 **"You must go on"**: Samuel Beckett, *The Unnamable* (New York: Grove Press, 1958).

---

① 以下注释部分数字为英文原书页码，详见英文原书。——编者注

16 **three P's can stunt recovery**: See Steven F. Maier and Martin E. P. Seligman, "Learned Helplessness at Fifty: Insights from Neuroscience," *Psychological Review* 123 (2016): 349–67; Martin E. P. Seligman, *Learned Optimism: How to Change Your Mind and Your Life* (New York: Pocket Books, 1991).

16 **makes people less likely to get depressed**: See Tracy R. G. Gladstone and Nadine J. Kaslow, "Depression and Attributions in Children and Adolescents: A Meta-Analytic Review," *Journal of Abnormal Child Psychology* 23 (1995): 597–606.

16 **the three P's helped teachers**: Angela Lee Duckworth, Patrick D. Quinn, and Martin E. P. Seligman, "Positive Predictors of Teacher Effectiveness," *The Journal of Positive Psychology* 4 (2009): 540–47.

16 **It helped college varsity swimmers**: Martin E. P. Seligman, Susan Nolen-Hoeksema, Nort Thornton, and Karen Moe Thornton, "Explanatory Style as a Mechanism of Disappointing Athletic Performance," *Psychological Science* 1 (1990): 143–46.

16 **it helped insurance salespeople**: Martin E. P. Seligman and Peter Schulman, "Explanatory Style as a Predictor of Productivity and Quitting Among Life Insurance Sales Agents," *Journal of Personality and Social Psychology* 50 (1986): 832–38.

17 **it's common for rape victims to blame themselves**: Matt J. Gray, Jennifer E. Pumphrey, and Thomas W. Lombardo, "The Relationship Between Dispositional Pessimistic Attributional Style Versus Trauma-Specific Attributions and PTSD Symptoms," *Journal of Anxiety Disorders* 17 (2003): 289–303; Ronnie Janoff-Bulman, "Characterological Versus Behavioral Self-Blame: Inquiries into Depression and Rape," *Journal of Personality and Social Psychology* 37 (1979): 1798–809.

18 **the thing I found myself saying most often**: Women tend to apologize more than men. See Karina Schumann and Michael Ross, "Why Women Apologize More than Men: Gender Differences in Thresholds for Perceiving Offensive Behavior," *Psychological Science* 21 (2010): 1649–55; Jarrett T. Lewis, Gilbert R. Parra, and Robert Cohen, "Apologies in Close Relationships: A Review of Theory and Research," *Journal of Family Theory and Review* 7 (2015): 47–61.

20 **only 60 percent of private sector workers**: Robert W. Van Giezen, "Paid Leave in Private Industry over the Past 20 Years," U.S. Bureau of Labor Statistics, *Beyond the Numbers* 2 (2013): www.bls.gov/opub/btn/volume-2/paid-leave-in-private-industry-over-the-past-20-years.htm. It is unacceptable that in the United States parents have twelve weeks off when a child is born but only three days when a child dies, and that almost 30 percent of working mothers don't have access to paid leave: see http://scholars.unh.edu/cgi/viewcontent.cgi?article=1170&context=carsey. For a definition of paid leave, see Kristin Smith and Andrew Schaefer, "Who Cares for the Sick Kids? Parents' Access to Paid Time to Care for a Sick Child," Carsey Institute Issue Brief #51 (2012), accessed on December 16, 2016: http://scholars.unh.edu/cgi/viewcontent.cgi?article=1170&context=carsey.

20 **grief can interfere with their job performance**: Jane E. Dutton, Kristina M. Workman, and Ashley E. Hardin, "Compassion at Work," *Annual*

Review of Organizational Psychology and Organizational Behavior 1 (2014): 277–304.

20 **grief-related losses in productivity**: Darlene Gavron Stevens, "The Cost of Grief," *Chicago Tribune*, August 20, 2003: http://articles.chicagotribune.com/2003-08-20/business/0308200089_1_pet-loss-grief-emotions.

20 **long-term investment in employees pays off**: James H. Dulebohn, Janice C. Molloy, Shaun M. Pichler, and Brian Murray, "Employee Benefits: Literature Review and Emerging Issues," *Human Resource Management Review* 19 (2009): 86–103. See also Alex Edmans, "The Link Between Job Satisfaction and Firm Value, with Implications for Corporate Social Responsibility," *Academy of Management Perspectives* 26 (2012): 1–19; James K. Harter, Frank L. Schmidt, and Theodore L. Hayes, "Business-Unit-Level Relationship Between Employee Satisfaction, Employee Engagement, and Business Outcomes: A Meta-Analysis," *Journal of Applied Psychology* 87 (2002): 268–79.

21 **Studies of "affective forecasting"**: Daniel T. Gilbert, Elizabeth C. Pinel, Timothy D. Wilson, and Stephen J. Blumberg, "Immune Neglect: A Source of Durability Bias in Affective Forecasting," *Journal of Personality and Social Psychology* 75 (1998): 617–38.

21 **we tend to overestimate**: Timothy D. Wilson and Daniel T. Gilbert, "Affective Forecasting: Knowing What to Want," *Current Directions in Psychological Science* 14 (2005): 131–34; Daniel T. Gilbert, *Stumbling on Happiness* (New York: Knopf, 2006).

21 **Assistant professors thought being denied university tenure**: Gilbert et al., "Immune Neglect."

21 **College students believed they would be miserable**: Elizabeth W. Dunn, Timothy D. Wilson, and Daniel T. Gilbert, "Location, Location, Location: The Misprediction of Satisfaction in Housing Lotteries," *Personality and Social Psychology Bulletin* 29 (2003): 1421–32.

22 **cognitive behavioral therapy technique**: See the Beck Institute for Cognitive Behavior Therapy: www.beckinstitute.org.

23 **"Part of every misery"**: C. S. Lewis, *A Grief Observed* (New York: Harper & Row, 1961).

24 **"making friends with our own demons"**: Pema Chödrön, *When Things Fall Apart: Heart Advice for Difficult Times* (Boston: Shambhala, 1997).

25 **good idea to think about how much worse**: Alex M. Wood, Jeffrey J. Froh, and Adam W. A. Geraghty, "Gratitude and Well-Being: A Review and Theoretical Integration," *Clinical Psychology Review* 30 (2010): 890–905; Laura J. Kray, Katie A. Liljenquist, Adam D. Galinsky, et al., "From What *Might* Have Been to What *Must* Have Been: Counterfactual Thinking Creates Meaning," *Journal of Personality and Social Psychology* 98 (2010): 106–18; Karl Halvor Teigen, "Luck, Envy, and Gratitude: It Could Have Been Different," *Scandinavian Journal of Psychology* 38 (1997): 313–23; Minkyung Koo, Sara B. Algoe, Timothy D. Wilson, and Daniel T. Gilbert, "It's a Wonderful Life: Mentally Subtracting Positive Events Improves People's Affective States, Contrary to Their Affective Forecasts," *Journal of Personality and Social Psychology* 95 (2008): 1217–24.

26 **Psychologists asked a group of people to make a weekly list**: Robert A. Emmons and Michael E. McCullough, "Counting Blessings Versus Burdens: An Experimental Investigation of Gratitude and Subjective Well-Being in Daily Life," *Journal of Personality and Social Psychology* 84 (2003): 377–89.

26 **People who enter the workforce**: Emily C. Bianchi, "The Bright Side of Bad Times: The Affective Advantages of Entering the Workforce in a Recession," *Administrative Science Quarterly* 58 (2013): 587–623.

26 **Sixty percent of Americans have faced an event**: "Americans' Financial Security: Perception and Reality," The Pew Charitable Trusts, accessed on December 14, 2016: www.pewtrusts.org/en/research-and-analysis/issue-briefs/2015/02/americans-financial-security-perceptions-and-reality.

26 **The death of a partner often brings**: Mariko Lin Chang, *Shortchanged: Why Women Have Less Wealth and What Can Be Done About It* (New York: Oxford University Press, 2010).

26 **often left without money for basic needs**: Alicia H. Munnell and Nadia S. Karamcheva, "Why Are Widows So Poor?," Center for Retirement Research at Boston College Brief IB#7-9, accessed on December 14, 2016: http://crr.bc.edu/briefs/why-are-widows-so-poor/.

26 **Widows of all backgrounds**: United States Census Bureau, "Current Population Survey: Annual Social and Economic Supplement, 2015, Poverty Status by Marital Status, Sex, and Race," accessed on December 19, 2016: www.census.gov/cps/data/cpstablecreator.html. See also "Income of the Population 55 or Older, 2014," Social Security Office of Retirement and Disability Policy, accessed on December 14, 2016: www.ssa.gov/policy/docs/statcomps/income_pop55/2014/sect11.html#table11.1. About 15 percent of widows of all backgrounds live in poverty, compared with less than 6 percent of married women. These statistics are for widows fifty-five and older, who make up 90 percent of widows. In addition, 20 percent of divorced women and 23 percent of never-married women age fifty-five and over live in poverty.

26 **And that number is even higher**: About 25 percent of black and Latina widows are poor. See Jacqueline L. Angel, Maren A. Jiménez, and Ronald J. Angel, "The Economic Consequences of Widowhood for Older Minority Women," *The Gerontologist* 47 (2007): 224–34.

第 2 章　房间里的大象

31 **non-question-asking friend**: Tim Urban, "10 Types of Odd Friendships You're Probably Part Of," *Wait but Why*, December 2014: http://waitbutwhy.com/2014/12/10-types-odd-friendships-youre-probably-part.html. For evidence that people are better liked when they ask more questions, see Karen Huang, Mike Yeomans, Alison Wood Brooks, et al., "It Doesn't Hurt to Ask: Question-Asking Encourages Self-Disclosure and Increases Liking," *Journal of Personality and Social Psychology* (in press).

33 **"Our child dies a second time"**: Mitch Carmody, quoted in Linton Weeks, "Now We Are Alone: Living On Without Our Sons," *All Things Considered*, NPR, September 3, 2010: www.npr.org/templates/story/story.php?storyId=128977776.

33 **the term "mum effect"**: Sidney Rosen and Abraham Tesser, "On Reluctance to Communicate Undesirable Information: The MUM Effect," *Sociometry* 33 (1970): 253–63.

34 **Doctors hold back**: Joshua D. Margolis and Andrew Molinsky, "Navigating the Bind of Necessary Evils: Psychological Engagement and the Production of Interpersonally Sensitive Behavior," *Academy of Management Journal* 51 (2008): 847–72; Jayson L. Dibble, "Breaking Bad News in the Provider-Recipient Context: Understanding the Hesitation to Share Bad News from the Sender's Perspective," in *Medical Communication in Clinical Contexts*, ed. Benjamin Bates and Rukhsana Ahmed (Dubuque, IA: Kendall Hunt Publishing, 2012). See also Walter F. Baile, Robert Buckman, Renato Lenzi, et al., "SPIKES—A Six-Step Protocol for Delivering Bad News: Application to the Patient with Cancer," *The Oncologist* 5 (2000): 302–11.

34 **give themselves painful electric shocks**: Timothy D. Wilson, David A. Reinhard, Erin C. Westgate, et al., "Just Think: The Challenges of the Disengaged Mind," *Science* 345 (2014): 75–77.

34 **psychologists literally call them "openers"**: Lynn C. Miller, John H. Berg, and Richard L. Archer, "Openers: Individuals Who Elicit Intimate Self-Disclosure," *Journal of Personality and Social Psychology* 44 (1983): 1234–44.

35 **People who have faced adversity tend to express**: Daniel Lim and David DeSteno, "Suffering and Compassion: The Links Among Adverse Life Experiences, Empathy, Compassion, and Prosocial Behavior," *Emotion* 16 (2016): 175–82. Note that when people have conquered a distressing event and see others failing to do so, they may be less compassionate: Rachel L. Ruttan, Mary-Hunter McDonnell, and Loran F. Nordgren, "Having 'Been There' Doesn't Mean I Care: When Prior Experience Reduces Compassion for Emotional Distress," *Journal of Personality and Social Psychology* 108 (2015): 610–22.

35 **"those of us who recognize in one another"**: Anna Quindlen, "Public and Private: Life After Death," *The New York Times*, May 4, 1994: www.nytimes.com/1994/05/04/opinion/public-private-life-after-death.html.

35 **Military veterans, rape victims, and parents**: Darrin R. Lehman, John H. Ellard, and Camille B. Wortman, "Social Support for the Bereaved: Recipients' and Providers' Perspectives on What Is Helpful," *Journal of Consulting and Clinical Psychology* 54 (1986): 438–46.

36 **In China and Japan, the ideal emotional state**: Jeanne L. Tsai, "Ideal Affect: Cultural Causes and Behavioral Consequences," *Perspectives on Psychological Science* 2 (2007): 242–59.

36 **"American culture demands that the answer"**: David Caruso, quoted in Julie Beck, "How to Get Better at Expressing Emotions," *The Atlantic*, November 18, 2015: www.theatlantic.com/health/archive/2015/11/how-to-get-better-at-expressing-emotions/416493/.

36 **"a whisper in the world"**: Quindlen, "Public and Private."

38 **I poured my emotions into a post**: Sheryl Sandberg, Facebook post, June 3, 2015: www.facebook.com/sheryl/posts/10155617891025177:0.

39 **opening up about traumatic events**: For a review, see James W. Pennebaker and Joshua M. Smyth, *Opening Up by Writing It Down: How Expressive Writing Improves Health and Eases Emotional Pain* (New York: Guilford, 2016). For more details, see chapter 4.

41 **the challenges of coming out in immigrant families**: Anthony C. Ocampo, "The Gay Second Generation: Sexual Identity and the Family Relations of Filipino and Latino Gay Men," *Journal of Ethnic and Migration Studies* 40 (2014): 155–73; Anthony C. Ocampo, "Making Masculinity: Negotiations of Gender Presentation Among Latino Gay Men," *Latino Studies* 10 (2012): 448–72.

42 **"It was the loneliness and isolation I felt"**: Emily McDowell, quoted in Kristin Hohendal, "A Cancer Survivor Designs the Cards She Wishes She'd Received from Friends and Family," *The Eye*, May 6, 2015: www.slate.com/blogs/the_eye/2015/05/06/empathy_cards_by_emily_mcdowell_are_greeting_cards_designed_for_cancer_patients.html.

42 **Emily created "empathy cards"**: http://emilymcdowell.com/. See also Kelsey Crowe and Emily McDowell, *There Is No Good Card for This: What to Say and Do When Life Is Scary, Awful, and Unfair to People You Love* (New York: HarperOne, 2017).

43 **"When you're faced with tragedy"**: Tim Lawrence, "8 Simple Words to Say When Someone You Love Is Grieving," *Upworthy*, December 17, 2015: www.upworthy.com/8-simple-words-to-say-when-when-someone-you-love-is-grieving.

第 3 章　友谊的"白金法则"

46 **In classic experiments on stress**: David C. Glass and Jerome Singer, "Behavioral Consequences of Adaptation to Controllable and Uncontrollable Noise," *Journal of Experimental Social Psychology* 7 (1971): 244–57; David C. Glass and Jerome E. Singer, "Experimental Studies of Uncontrollable and Unpredictable Noise," *Representative Research in Social Psychology* 4 (1973): 165–83.

47 **When people are in pain, they need a button**: Brian R. Little, *Me, Myself, and Us: The Science of Personality and the Art of Well-Being* (New York: Public Affairs, 2014).

47 **There are two different emotional responses**: C. Daniel Batson, Jim Fultz, and Patricia A. Schoenrade, "Distress and Empathy: Two Qualitatively Distinct Vicarious Emotions with Different Motivational Consequences," *Journal of Personality* 55 (1987): 19–39.

47 **"As some friends checked in daily"**: Allen Rucker, *The Best Seat in the House: How I Woke Up One Tuesday and Was Paralyzed for Life* (New York: HarperCollins, 2007).

50 **In one experiment, people were asked**: Loran F. Nordgren, Mary-Hunter McDonnell, and George Loewenstein, "What Constitutes Torture? Psy-

chological Impediments to an Objective Evaluation of Enhanced Interrogation Tactics," *Psychological Science* 22 (2011): 689–94.

51 **the Platinum Rule**: This is a term that has been attributed to many sources. One of the best descriptions comes from Karl Popper's writing. "The golden rule is a good standard which can perhaps even be improved by doing unto others, wherever possible, as *they* would be done by": Karl Popper, *The Open Society and Its Enemies*, vol. 2 (New York: Routledge, 1945/1966).

51 **"while well meaning, this gesture"**: Bruce Feiler, "How to Be a Friend in Deed," *The New York Times*, February 6, 2015: www.nytimes.com/2015/02/08/style/how-to-be-a-friend-in-deed.html.

52 **"Some things in life cannot be fixed"**: Megan Devine, Refuge in Grief: Emotionally Intelligent Grief Support, accessed on December 14, 2016: www.refugeingrief.com/.

52 **Psychologists put teenage girls under stress**: Jessica P. Lougheed, Peter Koval, and Tom Hollenstein, "Sharing the Burden: The Interpersonal Regulation of Emotional Arousal in Mother-Daughter Dyads," *Emotion* 16 (2016): 83–93.

52 **the "ring theory"**: Susan Silk and Barry Goldman, "How Not to Say the Wrong Thing," *Los Angeles Times*, April 7, 2013: http://articles.latimes.com/2013/apr/07/opinion/la-oe-0407-silk-ring-theory-20130407.

55 **the five stages of grief**: Elisabeth Kübler-Ross, *On Death and Dying* (New York: Routledge, 1969).

55 **these are not five stages**: Holly G. Prigerson and Paul K. Maciejewski, "Grief and Acceptance as Opposite Sides of the Same Coin: Setting a Research Agenda to Study Peaceful Acceptance of Loss," *The British Journal of Psychiatry* 193 (2008): 435–37. See also Margaret Stroebe and Henk Schut, "The Dual Process Model of Coping with Bereavement: Rationale and Description," *Death Studies* 23 (1999): 197–224. As social worker Carole Geithner explained to us, stage models "also minimize the individuality and diversity of how people grieve. There are different grieving styles and coping strategies. Grief models create problems when they become prescriptive. More current models emphasize individuality. There is an understandable wish for models because we want reassurance, to know there is an endpoint, a game plan, some predictability, but there is a downside: They are not true to the reality of grief. They provide illusory comfort. Each person's loss is different."

56 **As people mature, they focus**: Laura L. Carstensen, Derek M. Isaacowitz, and Susan T. Charles, "Taking Time Seriously: A Theory of Socioemotional Selectivity," *American Psychologist* 54 (1999): 165–81.

56 **the quality of friendships becomes**: Cheryl L. Carmichael, Harry T. Reis, and Paul R. Duberstein, "In Your 20s It's Quantity, in Your 30s It's Quality: The Prognostic Value of Social Activity Across 30 Years of Adulthood," *Psychology and Aging* 30 (2015): 95–105.

56 **"Footprints in the Sand"**: Allegorical poem published in various versions. See, for example, http://www.footprints-inthe-sand.com/index.php?page=Main.php.

第 4 章　自我同情与自信

58 **nearly one in four Americans has a criminal history**: Matthew Friedman, "Just Facts: As Many Americans Have Criminal Records as College Diplomas," Brennan Center for Justice, November 17, 2015: www.brennancenter.org/blog/just-facts-many-americans-have-criminal-records-college-diplomas; Thomas P. Bonczar and Allen J. Beck, "Lifetime Likelihood of Going to State or Federal Prison," Bureau of Justice Statistics, special report NCJ 160092, March 6, 1997: www.nij.gov/topics/corrections/reentry/Pages/employment.aspx.

58 **criminal records make it difficult to get jobs**: Only 40 percent of employers would "definitely" or "probably" hire applicants with criminal records. And in an experiment using otherwise identical résumés, job applicants with a criminal record were half as likely to get a callback. See John Schmitt and Kris Warner, "Ex-Offenders and the Labor Market," *The Journal of Labor and Society* 14 (2011): 87–109; Steven Raphael, *The New Scarlet Letter? Negotiating the U.S. Labor Market with a Criminal Record* (Kalamazoo, MI: Upjohn Institute Press, 2014).

59 **The governor of Texas honored Catherine's work**: www.legis.state.tx.us/tlodocs/81R/billtext/html/HR00175I.htm and www.kbtx.com/home/headlines/7695432.html?site=full. Along with our interviews with Catherine Hoke, details and quotes are drawn from Kris Frieswick, "Ex-Cons Relaunching Lives as Entrepreneurs," *Inc.*, May 29, 2012: www.inc.com/magazine/201206/kris-frieswick/catherine-rohr-defy-ventures-story-of-redemption.html; Leonardo Blair, "Christian Venture Capitalist Defies Sex Scandal with God's Calling," *The Christian Post*, October 31, 2015: www.christianpost.com/news/christian-venture-capitalist-defies-sex-scandal-with-gods-calling-148873/; Ryan Young, "CCU's Moglia Teaching 'Life After Football,'" *Myrtle Beach Online*, August 22, 2015: www.myrtlebeachonline.com/sports/college/sun-belt/coastal-carolina-university/article31924596.html; Jessica Weisberg, "Shooting Straight," *The New Yorker*, February 10, 2014: www.newyorker.com/magazine/2014/02/10/shooting-straight.

60 **Self-compassion comes from recognizing**: Kristin D. Neff, "The Development and Validation of a Scale to Measure Self-Compassion," *Self and Identity* 2 (2003): 223–50. See also Kristin Neff, *Self-Compassion: The Proven Power of Being Kind to Yourself* (New York: William Morrow, 2011).

60 **In a study of people whose marriages fell apart**: David A. Sbarra, Hillary L. Smith, and Matthias R. Mehl, "When Leaving Your Ex, Love Yourself: Observational Ratings of Self-Compassion Predict the Course of Emotional Recovery Following Marital Separation," *Psychological Science* 23 (2012): 261–69.

60 **For soldiers returning from war**: Regina Hiraoka, Eric C. Meyer, Nathan A. Kimbrel, et al., "Self-Compassion as a Prospective Predictor of PTSD Symptom Severity Among Trauma-Exposed U.S. Iraq and Afghanistan War Veterans," *Journal of Traumatic Stress* 28 (2015): 127–33.

60 **Self-compassion is associated with greater happiness**: Kristin D. Neff, "Self-Compassion, Self-Esteem, and Well-Being," *Social and Personality*

Psychology Compass 5 (2011): 1–12; Angus Macbeth and Andrew Gumley, "Exploring Compassion: A Meta-Analysis of the Association Between Self-Compassion and Psychopathology," *Clinical Psychology Review* 32 (2012): 545–52; Nicholas T. Van Dam, Sean C. Sheppard, John P. Forsyth, and Mitch Earleywine, "Self-Compassion Is a Better Predictor than Mindfulness of Symptom Severity and Quality of Life in Mixed Anxiety and Depression," *Journal of Anxiety Disorders* 25 (2011): 123–30; Michelle E. Neely, Diane L. Schallert, Sarojanni S. Mohammed, et al., "Self-Kindness When Facing Stress: The Role of Self-Compassion, Goal Regulation, and Support in College Students' Well-Being," *Motivation and Emotion* 33 (2009): 88–97.

60 **Both women and men can benefit**: Lisa M. Yarnell, Rose E. Stafford, Kristin D. Neff, et al., "Meta-Analysis of Gender Differences in Self-Compassion," *Self and Identity* 14 (2015): 499–520; Levi R. Baker and James K. McNulty, "Self-Compassion and Relationship Maintenance: The Moderating Roles of Conscientiousness and Gender," *Journal of Personality and Social Psychology* 100 (2011): 853–73. Importantly, self-compassion does not help relationships—and may hurt them—if people are not motivated to improve upon their mistakes.

60 **"can be an antidote to the cruelty"**: Mark Leary, "Don't Beat Yourself Up," *Aeon*, June 20, 2016: https://aeon.co/essays/learning-to-be-kind-to-yourself-has-remarkable-benefits. See also Meredith L. Terry and Mark Leary, "Self-Compassion, Self-Regulation, and Health," *Self and Identity* 10 (2011): 352–62.

61 **Instead of thinking "if only I weren't"**: Paula M. Niedenthal, June Price Tangney, and Igor Gavanski, " 'If Only I Weren't' Versus 'If Only I Hadn't': Distinguishing Shame and Guilt in Counterfactual Thinking," *Journal of Personality and Social Psychology* 67 (1994): 585–95.

61 **Blaming our actions rather than our character**: Ronnie Janoff-Bulman, "Characterological Versus Behavioral Self-Blame: Inquiries into Depression and Rape," *Journal of Personality and Social Psychology* 37 (1979): 1798–809.

61 **"the gift that keeps giving"**: Erma Bombeck, *Motherhood: The Second Oldest Profession* (New York: McGraw-Hill, 1983).

61 **guilt keeps us striving**: June Price Tangney and Ronda L. Dearing, *Shame and Guilt* (New York: Guilford, 2002).

61 **Among college students, the shame-prone**: Ronda L. Dearing, Jeffrey Stuewig, and June Price Tangney, "On the Importance of Distinguishing Shame from Guilt: Relations to Problematic Alcohol and Drug Use," *Addictive Behaviors* 30 (2005): 1392–404.

61 **Prisoners who felt ashamed**: Daniela Hosser, Michael Windzio, and Werner Greve, "Guilt and Shame as Predictors of Recidivism: A Longitudinal Study with Young Prisoners," *Criminal Justice and Behavior* 35 (2008): 138–52. See also June P. Tangney, Jeffrey Stuewig, and Andres G. Martinez, "Two Faces of Shame: The Roles of Shame and Guilt in Predicting Recidivism," *Psychological Science* 25 (2014): 799–805.

61 **Elementary and middle school kids**: June Price Tangney, Patricia E. Wagner, Deborah Hill-Barlow, et al., "Relation of Shame and Guilt to

Constructive Versus Destructive Responses to Anger Across the Lifespan," *Journal of Personality and Social Psychology* 70 (1996): 797–809.

61 **"we are all broken by something"**: Bryan Stevenson, *Just Mercy: A Story of Justice and Redemption* (New York: Spiegel & Grau, 2014).

62 **Writing can be a powerful tool**: Mark R. Leary, Eleanor B. Tate, Claire E. Adams, et al., "Self-Compassion and Reactions to Unpleasant Self-Relevant Events: The Implications of Treating Oneself Kindly," *Journal of Personality and Social Psychology* 92 (2007): 887–904.

62 **Turning feelings into words can help**: For reviews, see James W. Pennebaker and Joshua M. Smyth, *Opening Up by Writing It Down: How Expressive Writing Improves Health and Eases Emotional Pain* (New York: Guilford, 2016); Joanne Frattaroli, "Experimental Disclosure and Its Moderators: A Meta-Analysis," *Psychological Bulletin* 132 (2006): 823–65; Joshua M. Smyth, "Written Emotional Expression: Effect Sizes, Outcome Types, and Moderating Variables," *Journal of Consulting and Clinical Psychology* 66 (1998): 174–84. For evidence that it gets worse before it gets better, see Antonio Pascual-Leone, Nikita Yeryomenko, Orrin-Porter Morrison, et al., "Does Feeling Bad Lead to Feeling Good? Arousal Patterns During Expressive Writing," *Review of General Psychology* 20 (2016): 336–47. This body of research also suggests that journaling works best when we write privately, just for ourselves, and describe facts and feelings; that men tend to benefit a bit more from journaling than women since they're more likely to bottle up their feelings; and that people with more health problems and a history of trauma or stress show the greatest benefits. And most importantly, there is a big difference between organizing your thoughts and feelings about an upsetting experience and ruminating about them—trying to make sense of them seems to help, whereas dwelling on them does not. "Many people often find that they are thinking about, dreaming about, or talking about an upsetting event in the past too much. They also find that others don't want to hear about it," psychologist Darrin Lehman told us. "It is these people that might try expressive writing. It's not a panacea, it's free, and the effect sizes are modest. If it doesn't seem to help, these people should stop writing and seek some other treatment."

63 **Labeling negative emotions**: Matthew D. Lieberman, Naomi I. Eisenberger, Molly J. Crockett, et al., "Putting Feelings into Words," *Psychological Science* 18 (2007): 421–28; Lisa Feldman Barrett, "Are You in Despair? That's Good," *The New York Times*, June 3, 2016: www.nytimes.com/2016/06/05/opinion/sunday/are-you-in-despair-thats-good.html.

63 **those who labeled their fear**: Katharina Kircanski, Matthew D. Lieberman, and Michelle G. Craske, "Feelings into Words: Contributions of Language to Exposure Therapy," *Psychological Science* 23 (2012): 1086–91.

63 **journaling can backfire**: Along with Pennebaker and Smyth's *Opening Up by Writing It Down*, see the literature on critical incident stress debriefing: Timothy D. Wilson, *Redirect: The Surprising New Science of Psychological Change* (New York: Little, Brown, 2011); Jonathan I. Bisson, Peter L. Jenkins, Julie Alexander, and Carol Bannister, "Randomised Controlled Trial of Psychological Debriefing for Victims of Acute Burn Trauma," *The British Journal of Psychiatry* 171 (1997): 78–81; Benedict Carey, "Sept. 11

Revealed Psychology's Limits, Review Finds," *The New York Times*, July 28, 2011: www.nytimes.com/2011/07/29/health/research/29psych.html.

63 **After loss, it appears that writing**: Karolijne van der Houwen, Henk Schut, Jan van den Bout, et al., "The Efficacy of a Brief Internet-Based Self-Help Intervention for the Bereaved," *Behaviour Research and Therapy* 48 (2010): 359–67.

63 **talking into a voice recorder works**: James W. Pennebaker and Janel D. Seagal, "Forming a Story: The Health Benefits of Narrative," *Journal of Clinical Psychology* 55 (1999): 1243–54.

64 **Self-confidence is critical**: Alexander D. Stajkovic, "Development of a Core Confidence–Higher Order Construct," *Journal of Applied Psychology* 91 (2006): 1208–24; Timothy A. Judge and Joyce E. Bono, "Relationship of Core Self-Evaluation Traits—Self-Esteem, Generalized Self-Efficacy, Locus of Control, and Emotional Stability—with Job Satisfaction and Job Performance: A Meta-Analysis," *Journal of Applied Psychology* 86 (2001): 80–92.

65 **the impostor syndrome**: Mark R. Leary, Katharine M. Patton, Amy E. Orlando, and Wendy Wagoner Funk, "The Impostor Phenomenon: Self-Perceptions, Reflected Appraisals, and Interpersonal Strategies," *Journal of Personality* 68 (2000): 725–56.

65 **I gave a TED talk**: Sheryl Sandberg, "Why We Have Too Few Women Leaders," TED Women, December 2010: www.ted.com/talks/sheryl_sandberg_why_we_have_too_few_women_leaders.

65 **trauma can also lead to self-doubt**: Edna B. Foa and Elizabeth A. Meadows, "Psychosocial Treatments for Posttraumatic Stress Disorder: A Critical Review," *Annual Review of Psychology* 48 (1997): 449–80. See also Patricia A. Resick and Monica K. Schnike, "Cognitive Processing Therapy for Sexual Assault Victims," *Journal of Consulting and Clinical Psychology* 60 (1992): 748–56.

67 **life can only be understood backward**: Søren Kierkegaard, *Papers and Journals: A Selection* (New York: Penguin, 1996); Daniel W. Conway and K. E. Gover, *Søren Kierkegaard*, vol. 1 (New York: Taylor & Francis, 2002).

68 **"small wins"**: Karl E. Weick, "Small Wins: Redefining the Scale of Social Problems," *American Psychologist* 39 (1984): 40–49; Teresa Amabile and Steven Kramer, *The Progress Principle: Using Small Wins to Ignite Joy, Engagement, and Creativity at Work* (Boston: Harvard Business Review Press, 2011).

68 **people wrote down three things that went well**: Martin E. P. Seligman, Tracy A. Steen, Nansook Park, and Christopher Peterson, "Positive Psychology Progress: Empirical Validation of Interventions," *American Psychologist* 60 (2005): 410–21.

68 **In a more recent study**: Joyce E. Bono, Theresa M. Glomb, Winny Shen, et al., "Building Positive Resources: Effects of Positive Events and Positive Reflection on Work Stress and Health," *Academy of Management Journal* 56 (2013): 1601–27.

68 **counting our blessings doesn't boost our confidence**: Adam M. Grant and Jane E. Dutton, "Beneficiary or Benefactor: Are People More Prosocial When They Reflect on Receiving or Giving?," *Psychological Science*

23 (2012): 1033–39. When university fund-raisers kept a journal for a few days detailing how they'd been helpful to colleagues, their hourly effort increased by 29 percent over the next two weeks.

70 **cancer survivors were less likely to get called back**: Larry R. Martinez, Craig D. White, Jenessa R. Shapiro, and Michelle R. Hebl, "Selection BIAS: Stereotypes and Discrimination Related to Having a History of Cancer," *Journal of Applied Psychology* 101 (2016): 122–28.

70 **Not only does loss of income**: Richard H. Price, Jin Nam Choi, and Amiram D. Vinokur, "Links in the Chain of Adversity Following Job Loss: How Financial Strain and Loss of Personal Control Lead to Depression, Impaired Functioning, and Poor Health," *Journal of Occupational Health Psychology* 7 (2002): 302–12.

71 **By robbing people of a sense of control**: Eileen Y. Chou, Bidhan L. Parmar, and Adam D. Galinsky, "Economic Insecurity Increases Physical Pain," *Psychological Science* 27 (2016): 443–54.

71 **stress can spill over into personal relationships**: Amiram D. Vinokur, Richard H. Price, and Robert D. Caplan, "Hard Times and Hurtful Partners: How Financial Strain Affects Depression and Relationship Satisfaction of Unemployed Persons and Their Spouses," *Journal of Personality and Social Psychology* 71 (1996): 166–79.

71 **To help people suffering**: Amiram D. Vinokur, Michelle van Ryn, Edward M. Gramlich, and Richard H. Price, "Long-Term Follow-Up and Benefit-Cost Analysis of the Jobs Program: A Preventive Intervention for the Unemployed," *Journal of Applied Psychology* 76 (1991): 213–19; "The Jobs Project for the Unemployed: Update," Michigan Prevention Research Center, accessed on December 15, 2016: www.isr.umich.edu/src/seh/mprc/jobsupdt.html.

71 **programs like this can make a difference**: Songqi Liu, Jason L. Huang, and Mo Wang, "Effectiveness of Job Search Interventions: A Meta-Analytic Review," *Psychological Bulletin* 140 (2014): 1009–41.

72 **the number of single mothers**: Sarah Jane Glynn, "Breadwinning Mothers, Then and Now," Center for American Progress, June 20, 2014: www.americanprogress.org/issues/labor/report/2014/06/20/92355/breadwinning-mothers-then-and-now/.

72 **Today almost 30 percent of families**: United States Census Bureau, "America's Families and Living Arrangements, 2015: Family Groups (FG Table Series)," accessed on December 15, 2016: www.census.gov/hhes/families/data/cps2015FG.html.

72 **The costs of placing**: Child Care Aware of America, "Parents and the High Cost of Child Care: 2015 Report": http://usa.childcareaware.org/wp-content/uploads/2016/05/Parents-and-the-High-Cost-of-Child-Care-2015-FINAL.pdf.

72 **single mothers have the highest rates**: Institute for Women's Policy Research, "Status of Women in the States," April 8, 2015: http://statusofwomendata.org/press-releases/in-every-u-s-state-women-including-millennials-are-more-likely-than-men-to-live-in-poverty-despite-gains-in-higher-education/.

72 **almost twice as likely to be poor**: United States Census Bureau, "His-

torical Poverty Tables: People and Families—1959 to 2015," accessed on December 19, 2016: www.census.gov/data/tables/time-series/demo/income-poverty/historical-poverty-people.html.

72 **Almost a third of single mothers**: United States Department of Agriculture, "Key Statistics & Graphics," accessed on December 16, 2016: www.ers.usda.gov/topics/food-nutrition-assistance/food-security-in-the-us/key-statistics-graphics.aspx.

72 **Stand Up for Kids campaign**: After family food distributions the school experienced a year-over-year reduction in student absenteeism of 32 percent, and monthly health complaints dropped by 72 percent. Presentation by Sonya Arriola, president of Sacred Heart Nativity Schools, accessed on December 19, 2016.

73 **offering support through personal hardships**: Adam M. Grant, Jane E. Dutton, and Brent D. Rosso, "Giving Commitment: Employee Support Programs and the Prosocial Sensemaking Process," *Academy of Management Journal* 51 (2008): 898–918.

第 5 章　成长到死

77 **"In the depths of winter"**: Albert Camus, *Lyrical and Critical Essays* (New York: Vintage, 1970).

77 **"In a few short moments"**: Joseph E. Kasper, "Co-Destiny: A Conceptual Goal for Parental Bereavement and the Call for a 'Positive Turn' in the Scientific Study of the Parental Bereavement Process," unpublished master's thesis, University of Pennsylvania, 2013.

77 **"When we are no longer able to change"**: Viktor Frankl, *Man's Search for Meaning* (New York: Pocket Books, 1959).

78 **experienced post-traumatic *growth:*** Richard G. Tedeschi and Lawrence G. Calhoun, *Helping Bereaved Parents: A Clinician's Guide* (New York: Routledge, 2003).

78 **Psychologists went on to study**: For reviews, see Richard G. Tedeschi and Lawrence G. Calhoun, "Posttraumatic Growth: Conceptual Foundations and Empirical Evidence," *Psychological Inquiry* 15 (2004): 1–18; Vicki S. Helgeson, Kerry A. Reynolds, and Patricia L. Tomich, "A Meta-Analytic Review of Benefit Finding and Growth," *Journal of Consulting and Clinical Psychology* 74 (2006): 797–816; Gabriele Prati and Luca Pietrantoni, "Optimism, Social Support, and Coping Strategies as Factors Contributing to Posttraumatic Growth: A Meta-Analysis," *Journal of Loss and Trauma* 14 (2009): 364–88.

78 **victims of sexual assault and abuse**: Patricia Frazier, Ty Tashiro, Margit Berman, et al., "Correlates of Levels and Patterns of Positive Life Changes Following Sexual Assault," *Journal of Consulting and Clinical Psychology* 72 (2004): 19–30; Amanda R. Cobb, Richard G. Tedeschi, Lawrence G. Calhoun, and Arnie Cann, "Correlates of Posttraumatic Growth in Survivors of Intimate Partner Violence," *Journal of Traumatic Stress* 19 (2006): 895–903.

78 **refugees and prisoners of war**: Steve Powell, Rita Rosner, Will Butollo,

et al., "Posttraumatic Growth After War: A Study with Former Refugees and Displaced People in Sarajevo," *Journal of Clinical Psychology* 59 (2003): 71–83; Zahava Solomon and Rachel Dekel, "Posttraumatic Stress Disorder and Posttraumatic Growth Among Israeli Ex-POWs," *Journal of Traumatic Stress* 20 (2007): 303–12.

78 **survivors of accidents, natural disasters**: Tanja Zoellner, Sirko Rabe, Anke Karl, and Andreas Maercker, "Posttraumatic Growth in Accident Survivors: Openness and Optimism as Predictors of Its Constructive or Illusory Sides," *Journal of Clinical Psychology* 64 (2008): 245–63; Cheryl H. Cryder, Ryan P. Kilmer, Richard G. Tedeschi, and Lawrence G. Calhoun, "An Exploratory Study of Posttraumatic Growth in Children Following a Natural Disaster," *American Journal of Orthopsychiatry* 76 (2006): 65–69.

78 **severe injuries, and illnesses**: Sanghee Chun and Youngkhill Lee, "The Experience of Posttraumatic Growth for People with Spinal Cord Injury," *Qualitative Health Research* 18 (2008): 877–90; Alexandra Sawyer, Susan Ayers, and Andy P. Field, "Posttraumatic Growth and Adjustment Among Individuals with Cancer or HIV/AIDS: A Meta-Analysis," *Clinical Psychology Review* 30 (2010): 436–47.

79 **more than half the people who experience**: Richard G. Tedeschi and Lawrence G. Calhoun, "The Posttraumatic Growth Inventory: Measuring the Positive Legacy of Trauma," *Journal of Traumatic Stress* 9 (1996): 455–71.

79 **less than 15 percent who develop PTSD**: National Center for PTSD, U.S. Department of Veterans Affairs, "How Common Is PTSD?," calculated from the statistics presented in the report, accessed on December 14, 2016: www.ptsd.va.gov/public/PTSD-overview/basics/how-common-is-ptsd.asp.

79 **"what does not kill me makes me stronger"**: Friedrich Nietzsche, *Twilight of the Idols*, trans. R. J. Hollingdale (New York: Penguin, 1889/1977).

79 **"I am more vulnerable"**: Lawrence G. Calhoun and Richard G. Tedeschi, *Handbook of Posttraumatic Growth: Research and Practice* (New York: Routledge, 2014).

83 **After loss, the emptiness of birthdays**: Camille B. Wortman, "Posttraumatic Growth: Progress and Problems," *Psychological Inquiry* 15 (2004): 81–90.

84 **people were asked to write and deliver**: Martin E. P. Seligman, Tracy A. Steen, Nansook Park, and Christopher Peterson, "Positive Psychology Progress: Empirical Validation of Interventions," *American Psychologist* 60 (2005): 410–21. See also Fabian Gander, René T. Proyer, Willibald Ruch, and Tobias Wyss, "Strength-Based Positive Interventions: Further Evidence for Their Potential in Enhancing Well-Being and Alleviating Depression," *Journal of Happiness Studies* 14 (2013): 1241–59.

85 **Many survivors of sexual abuse and assault**: Patricia Frazier, Amy Conlon, and Theresa Glaser, "Positive and Negative Life Changes Following Sexual Assault," *Journal of Consulting and Clinical Psychology* 69 (2001): 1048–55; J. Curtis McMillen, Susan Zuravin, and Gregory Rideout, "Perceived Benefit from Childhood Sexual Abuse," *Journal of Consulting and Clinical Psychology* 63 (1995): 1037–43.

85 **After losing a child**: Darrin R. Lehman, Camille B. Wortman, and Allan F. Williams, "Long-Term Effects of Losing a Spouse or Child in a Motor Vehicle Crash," *Journal of Personality and Social Psychology* 52 (1987): 218–31.

85 **Soldiers who experience significant losses**: Glen H. Elder Jr. and Elizabeth Colerick Clipp, "Wartime Losses and Social Bonding: Influence Across 40 Years in Men's Lives," *Psychiatry* 51 (1988): 177–98; Glen H. Elder Jr. and Elizabeth Colerick Clipp, "Combat Experience and Emotional Health: Impairment and Resilience in Later Life," *Journal of Personality* 57 (1989): 311–41.

85 **Many breast cancer survivors report**: Matthew J. Cordova, Lauren L. C. Cunningham, Charles R. Carlson, and Michael A. Andrykowski, "Posttraumatic Growth Following Breast Cancer: A Controlled Comparison Study," *Health Psychology* 20 (2001): 176–85; Sharon Manne, Jamie Ostroff, Gary Winkel, et al., "Posttraumatic Growth After Breast Cancer: Patient, Partner, and Couple Perspectives," *Psychosomatic Medicine* 66 (2004): 442–54; Tzipi Weiss, "Posttraumatic Growth in Women with Breast Cancer and Their Husbands: An Intersubjective Validation Study," *Journal of Psychosocial Orthopsychiatry* 20 (2002): 65–80; Keith M. Bellizzi and Thomas O. Blank, "Predicting Posttraumatic Growth in Breast Cancer Survivors," *Health Psychology* 25 (2006): 47–56.

86 **"In some way, suffering ceases to be"**: Frankl, *Man's Search for Meaning*.

87 **Traumatic experiences can lead to deeper faith**: Annick Shaw, Stephen Joseph, and P. Alex Linley, "Religion, Spirituality, and Posttraumatic Growth: A Systematic Review," *Mental Health, Religion and Culture* 8 (2005): 1–11.

87 **I read an open letter**: Vernon Turner, "Letter to My Younger Self," *The Players' Tribune*, May 3, 2016: www.theplayerstribune.com/vernon-turner-nfl-letter-to-my-younger-self/.

88 **Family and religion are the greatest sources**: Paul T. P. Wong, *The Human Quest for Meaning: Theories, Research, and Applications* (New York: Routledge, 2013); Jochen I. Menges, Danielle V. Tussing, Andreas Wihler, and Adam Grant, "When Job Performance Is All Relative: How Family Motivation Energizes Effort and Compensates for Intrinsic Motivation," *Academy of Management Journal* (in press): http://amj.aom.org/content/early/2016/02/25/amj.2014.0898.short.

88 **The jobs where people find the most meaning**: Brent D. Rosso, Kathryn H. Dekas, and Amy Wrzesniewski, "On the Meaning of Work: A Theoretical Integration and Review," *Research in Organizational Behavior* 30 (2010): 91–127; Adam M. Grant, "The Significance of Task Significance: Job Performance Effects, Relational Mechanisms, and Boundary Conditions," *Journal of Applied Psychology* 93 (2008): 108–24; Adam M. Grant, "Relational Job Design and the Motivation to Make a Prosocial Difference," *Academy of Management Review* 32 (2007): 393–417; Adam M. Grant, "Leading with Meaning: Beneficiary Contact, Prosocial Impact, and the Performance Effects of Transformational Leadership," *Academy of Management Journal* 55 (2012): 458–76; Yitzhak Fried and Gerald R. Ferriss, "The Validity of the Job Characteristics Model: A Review and Meta-

Analysis," *Personnel Psychology* 40 (1987): 287–322; PayScale, "The Most and Least Meaningful Jobs," accessed on December 14, 2016: www.pay scale.com/data-packages/most-and-least-meaningful-jobs/.

88 **meaningful work buffers against burnout**: Adam M. Grant and Sabine Sonnentag, "Doing Good Buffers Against Feeling Bad: Prosocial Impact Compensates for Negative Task and Self-Evaluations," *Organizational Behavior and Human Decision Processes* 111 (2010): 13–22; Adam M. Grant and Elizabeth M. Campbell, "Doing Good, Doing Harm, Being Well and Burning Out: The Interactions of Perceived Prosocial and Antisocial Impact in Service Work," *Journal of Occupational and Organizational Psychology* 80 (2007): 665–91. See also Thomas W. Britt, James M. Dickinson, DeWayne Moore, et al., "Correlates and Consequences of Morale Versus Depression Under Stressful Conditions," *Journal of Occupational Health Psychology* 12 (2007): 34–47; Stephen E. Humphrey, Jennifer D. Nahrgang, and Frederick P. Morgeson, "Integrating Motivational, Social, and Contextual Work Design Features: A Meta-Analytic Summary and Theoretical Extension of the Work Design Literature," *Journal of Applied Psychology* 92 (2007): 1332–56.

89 **And on days when people think**: Sabine Sonnentag and Adam M. Grant, "Doing Good at Work Feels Good at Home, but Not Right Away: When and Why Perceived Prosocial Impact Predicts Positive Affect," *Personnel Psychology* 65 (2012): 495–530.

90 **Applications to Teach for America tripled**: Abby Goodnough, "More Applicants Answer the Call for Teaching Jobs," *The New York Times*, February 11, 2002: www.nytimes.com/learning/students/pop/20020212snap tuesday.html.

90 **Before the attacks, work**: Amy Wrzesniewski, "It's Not Just a Job: Shifting Meanings of Work in the Wake of 9/11," *Journal of Management Inquiry* 11 (2002): 230–34.

90 **People were also more likely to find meaning**: J. Curtis McMillen, Elizabeth M. Smith, and Rachel H. Fisher, "Perceived Benefit and Mental Health After Three Types of Disaster," *Journal of Consulting and Clinical Psychology* 65 (1997): 733–39.

91 **After being reminded of**: Philip J. Cozzolino, Angela Dawn Staples, Lawrence S. Meyers, and Jamie Samboceti, "Greed, Death, and Values: From Terror Management to Transcendence Management Theory," *Personality and Social Psychology Bulletin* 30 (2004): 278–92; Adam M. Grant and Kimberly Wade-Benzoni, "The Hot and Cool of Death Awareness at Work: Mortality Cues, Aging, and Self-Protective and Prosocial Motivations," *Academy of Management Review* 34 (2009): 600–22.

91 **Caring for loved ones who are sick**: Robin K. Yabroff, "Financial Hardship Associated with Cancer in the United States: Findings from a Population-Based Sample of Adult Cancer Survivors," *Journal of Clinical Oncology* 34 (2016): 259–67; Echo L. Warner, Anne C. Kirchhoff, Gina E. Nam, and Mark Fluchel, "Financial Burden of Pediatric Cancer Patients and Their Families," *Journal of Oncology Practice* 11 (2015): 12–18.

91 **almost three million Americans are caring**: National Alliance for Cancer Caregiving, "Cancer Caregiving in the U.S.: An Intense, Episodic,

and Challenging Care Experience," June 2016, accessed on December 18, 2016: www.caregiving.org/wp-content/uploads/2016/06/Cancer CaregivingReport_FINAL_June-17-2016.pdf; Alison Snyder, "How Cancer in the Family Reverberates Through the Workplace," *The Washington Post*, December 11, 2016: www.washingtonpost.com/national/health-science/how-cancer-in-the-family-reverberates-through-the-work place/2016/12/09/0831Iea4-bb24-11e6-94ac-3d324840106c_story.html.

91 **Illness is a factor**: David U. Himmelstein, Deborah Thorne, Elizabeth Warren, and Steffie Woolhandler, "Medical Bankruptcy in the United States, 2007: Results of a National Study," *The American Journal of Medicine* 122 (2009): 741–46.

91 **people with cancer are more than 2.5 times**: Scott Ramsey, David Blough, Anne Kirchhoff, et al., "Washington State Cancer Patients Found to Be at Greater Risk for Bankruptcy than People Without a Cancer Diagnosis," *Health Affairs* 32 (2013): 1143–52. See also Robin Yabroff, Emily C. Dowling, Gery P. Guy, et al., "Financial Hardship Associated with Cancer in the United States: Findings from a Population-Based Sample of Adult Cancer Survivors," *Journal of Clinical Oncology* 34 (2015): 259–67.

91 **46 percent of Americans are unable**: Board of Governors of the Federal Reserve System, "Report on the Economic Well-Being of U.S. Households in 2015," May 2016, accessed on December 14, 2016: www.federal reserve.gov/2015-report-economic-well-being-us-households-201605.pdf.

91 **Tragedy does more than rip away**: Sally Maitlis, "Who Am I Now? Sensemaking and Identity in Posttraumatic Growth," in *Exploring Positive Identities and Organizations: Building a Theoretical and Research Foundation*, ed. Laura Morgan Roberts and Jane E. Dutton (New York: Psychology Press, 2009).

91 **Our possible selves**: Hazel Markus and Paula Nurius, "Possible Selves," *American Psychologist* 41 (1986): 954–69; Elizabeth A. Penland, William G. Masten, Paul Zelhart, et al., "Possible Selves, Depression and Coping Skills in University Students," *Personality and Individual Differences* 29 (2000): 963–69; Daphna Oyserman and Hazel Rose Markus, "Possible Selves and Delinquency," *Journal of Personality and Social Psychology* 59 (1990): 112–25; Chris Feudtner, "Hope and the Prospects of Healing at the End of Life," *The Journal of Alternative and Complementary Medicine* 11 (2005): S-23–S-30.

92 **"When one door of happiness closes"**: Helen Keller, *We Bereaved* (New York: Leslie Fulenwider Inc., 1929), accessed on December 29, 2016: https://archive.org/stream/webereavedoohele#page/22/mode/2up.

92 **many trauma survivors end up helping**: Trenton A. Williams and Dean A. Shepherd, "Victim Entrepreneurs Doing Well by Doing Good: Venture Creation and Well-Being in the Aftermath of a Resource Shock," *Journal of Business Venturing* 31 (2016): 365–87.

93 **"Every new beginning comes"**: Attributed to Lucius Annaeus Seneca; Semisonic, "Closing Time," *Feeling Strangely Fine* (MCA, 1998).

93 **"I do believe I have been changed"**: Stephen Schwartz, *Wicked*, original Broadway cast recording (Decca Broadway, 2003).

第6章 重拾快乐

96 **When people lose a loved one**: Margaret Shandor Miles and Alice Sterner Demi, "A Comparison of Guilt in Bereaved Parents Whose Children Died by Suicide, Accident, or Chronic Disease," *OMEGA: Journal of Death and Dying* 24 (1992): 203–15.

97 **When a company lays off employees**: Joel Brockner, Jeff Greenberg, Audrey Brockner, et al., "Layoffs, Equity Theory, and Work Performance: Further Evidence of the Impact of Survivor Guilt," *Academy of Management Journal* 29 (1986): 373–84; Barbara Kiviat, "After Layoffs, There's Survivor Guilt," *Time,* February 1, 2009: http://content.time.com/time/business/article/0,8599,1874592,00.html.

97 **A life chasing pleasure without meaning**: Roy F. Baumeister, Kathleen D. Vohs, Jennifer L. Aaker, and Emily N. Garbinsky, "Some Key Differences Between a Happy Life and a Meaningful Life," *The Journal of Positive Psychology* 8 (2013): 505–16.

97 **When we focus on others, we find**: Adam M. Grant, Elizabeth M. Campbell, Grace Chen, et al., "Impact and the Art of Motivation Maintenance: The Effects of Contact with Beneficiaries on Persistence Behavior," *Organizational Behavior and Human Decision Processes* 103 (2007): 53–67; Adam M. Grant, "Does Intrinsic Motivation Fuel the Prosocial Fire? Motivational Synergy in Predicting Persistence, Performance, and Productivity," *Journal of Applied Psychology* 93 (2008): 48–58; Nicola Bellé, "Experimental Evidence on the Relationship Between Public Service Motivation and Job Performance," *Public Administration Review* 73 (2013): 143–53.

99 **"Joy is the ultimate act of defiance"**: Bono, quoted in Brian Boyd, "Bono: The Voice of Innocence and Experience," *The Irish Times,* September 18, 2015: www.irishtimes.com/culture/music/bono-the-voice-of-innocence-and-experience-1.2355501; quote changed from "an act of defiance" to "the ultimate act of defiance" with permission.

100 **But happiness is the frequency**: Ed Diener, Ed Sandvik, and William Pavot, "Happiness Is the Frequency, Not the Intensity, of Positive Versus Negative Affect," in *Subjective Well-Being: An Interdisciplinary Perspective,* ed. Fritz Strack, Michael Argyle, and Norbert Schwartz (New York: Pergamon, 1991).

100 **In a twelve-year study of bereaved spouses**: Frank J. Infurna and Suniya S. Luthar, "The Multidimensional Nature of Resilience to Spousal Loss," *Journal of Personality and Social Psychology* (in press): http://psycnet.apa.org/psycinfo/2016-33916-001/.

100 **"How we spend our days"**: Annie Dillard, *The Writing Life* (New York: Harper & Row, 1989).

100 **happiness is the joy you find**: Tim Urban, "How to Pick Your Life Partner—Part 2," *Wait but Why,* February 2014: http://waitbutwhy.com/2014/02/pick-life-partner-part-2.html.

101 **we are wired to focus on the negatives**: Paul Rozin and Edward B. Royzman, "Negativity Bias, Negativity Dominance, and Contagion," *Personality and Social Psychology Review* 5 (2001): 296–320; Roy F. Baumeister, Ellen

Bratslavsky, Catrin Finkenauer, and Kathleen D. Vohs, "Bad Is Stronger than Good," *Review of General Psychology* 5 (2001): 323–70.

102 **But today we give that attention**: Anita DeLongis, James C. Coyne, Gayle Dakof, et al., "Relationship of Daily Hassles, Uplifts, and Major Life Events to Health Status," *Health Psychology* 1 (1982): 119–36; Vivian Kraaij, Ella Arensman, and Philip Spinhoven, "Negative Life Events and Depression in Elderly Persons: A Meta-Analysis," *The Journals of Gerontology Series B* 57 (2002): 87–94.

102 **Just as labeling negative emotions**: Michele M. Tugade, Barbara L. Fredrickson, and Lisa Feldman Barrett, "Psychological Resilience and Positive Emotional Granularity: Examining the Benefits of Positive Emotions on Coping and Health," *Journal of Personality* 72 (2004): 1161–90.

102 **Writing about joyful experiences**: Chad M. Burton and Laura A. King, "The Health Benefits of Writing About Intensely Positive Experiences," *Journal of Research in Personality* 38 (2004): 150–63; Joyce E. Bono, Theresa M. Glomb, Winny Shen, et al., "Building Positive Resources: Effects of Positive Events and Positive Reflection on Work Stress and Health," *Academy of Management Journal* 56 (2013): 1601–27.

102 **We can savor the smallest of daily events**: Anthony D. Ong, C. S. Bergeman, Toni L. Bisconti, and Kimberly A. Wallace, "Psychological Resilience, Positive Emotions, and Successful Adaptation to Stress in Later Life," *Journal of Personality and Social Psychology* 91 (2006): 730–49.

102 **As we get older, we define happiness**: Cassie Mogilner, Sepandar D. Kamvar, and Jennifer Aaker, "The Shifting Meaning of Happiness," *Social Psychological and Personality Science* 2 (2011): 395–402.

102 **"Peace is joy at rest"**: Reverend Veronica Goines, quoted in Anne Lamott, *Plan B: Further Thoughts on Faith* (New York: Riverhead, 2006); Robert Lee Hill, *The Color of Sabbath: Proclamations and Prayers for New Beginnings* (Pasadena: Hope Publishing House, 2007).

102 **Sharing positive events with another person**: Shelly L. Gable, Harry T. Reis, Emily A. Impett, and Evan R. Asher, "What Do You Do When Things Go Right? The Intrapersonal and Interpersonal Benefits of Sharing Positive Events," *Journal of Personality and Social Psychology* 87 (2004): 228–45.

102 **"Joy is a discipline"**: Shannon Sedgwick Davis, "Joy Is a Discipline," *To My Boys*, May 18, 2014: www.2myboys.com/joy-discipline.

103 **"just manageable difficulty"**: Nicholas Hobbs, "The Psychologist as Administrator," *Journal of Clinical Psychology* 25 (1959): 237–40; John Habel, "Precipitating Myself into Just Manageable Difficulties: Constructing an Intellectual Biography of Nicholas Hobbs," in *Inside Stories: Qualitative Research Reflections*, ed. Kathleen B. deMarrais (Mahwah, NJ: Erlbaum, 1998).

103 **flow**: Mihaly Csikszentmihalyi, *Finding Flow: The Psychology of Engagement with Everyday Life* (New York: Basic Books, 1998); Ryan W. Quinn, "Flow in Knowledge Work: High Performance Experience in the Design of National Security Technology," *Administrative Science Quarterly* 50 (2005): 610–41.

103 **"if Bruce Wayne watched his parents murdered"**: Quoted in Jason Zinoman, "Patton Oswalt: 'I'll Never Be at 100 Percent Again,'" *The New York Times*, October 26, 2016: www.nytimes.com/2016/10/30/arts/patton-oswalt-ill-never-be-at-100-percent-again.html?_r=0; quote changed from "cut hero" to "buff hero" with permission.

103 **The physical health effects of exercise**: Mayo Clinic Staff, "Exercise: 7 Benefits of Regular Physical Activity," Mayo Clinic, October 13, 2016: www.mayoclinic.org/healthy-lifestyle/fitness/in-depth/exercise/art-20048389.

103 **Many doctors and therapists also point to exercise**: Georgia Stahopoulou, Mark B. Powers, Angela C. Berry, et al., "Exercise Interventions for Mental Health: A Quantitative and Qualitative Review," *Clinical Psychology* 13 (2006): 179–93.

103 **For some adults over fifty who suffer**: James A. Blumenthal, Michael A. Babyak, Kathleen A. Moore, et al., "Effects of Exercise Training on Older Patients with Major Depression," *Archives of Internal Medicine* 159 (1999): 2349–56.

104 **There are more refugees today**: UNHCR, the UN Refugee Agency, "Figures at a Glance," accessed on December 18, 2016: www.unhcr.org/en-us/figures-at-a-glance.html; Scott Arbeiter, "America's Duty to Take in Refugees," *The New York Times*, September 23, 2016: www.nytimes.com/2016/09/24/opinion/americas-duty-to-take-in-refugees.html.

第 7 章 让孩子更具复原力

106 **award-winning painter Timothy Chambers**: www.iguanaacademy.com/timothy-chambers/.

107 **Kim watched a talk Adam gave on resilience**: Adam Grant, "The Surprising Habits of Original Thinkers," TED, April 2016: www.ted.com/talks/adam_grant_the_surprising_habits_of_original_thinkers.

110 **Two out of ten U.S. children of all backgrounds**: National Poverty Center, "Poverty in the United States," accessed on December 14, 2016: www.npc.umich.edu/poverty/.

110 **Forty-three percent of children of single mothers**: Bernadette D. Proctor, Jessica L. Semega, and Melissa A. Kollar, "Income and Poverty in the United States: 2015," United States Census Bureau, September 2016: www.census.gov/content/dam/Census/library/publications/2016/demo/p60-256.pdf.

110 **More than two and a half million children**: Katie Reilly, "Sesame Street Reaches Out to 2.7 Million American Children with an Incarcerated Parent," Pew Research Center, June 21, 2013: www.pewresearch.org/fact-tank/2013/06/21/sesame-street-reaches-out-to-2-7-million-american-children-with-an-incarcerated-parent.

110 **These extreme levels of harm and deprivation**: Katie A. McLaughlin and Margaret A. Sheridan, "Beyond Cumulative Risk: A Dimensional Approach to Childhood Adversity," *Current Directions in Psychological Science* 25 (2016): 239–45.

110 **High-quality preschool education**: Gregory Camilli, Sadako Vargas, Sharon Ryan, and William Steven Barnett, "Meta-Analysis of the Effects of Early Education Interventions on Cognitive and Social Development," *Teachers College Record* 122 (2010): 579–620.

110 **the Nurse-Family Partnership**: www.nursefamilypartnership.org/.

110 **When disadvantaged families are provided**: Nicholas Kristof and Sheryl WuDunn, "The Way to Beat Poverty," *The New York Times*, September 12, 2014: www.nytimes.com/2014/09/14/opinion/sunday/nicholas-kristof-the-way-to-beat-poverty.html.

111 **every dollar put into these visits**: Lynn A. Karoly, M. Rebecca Kilburn, and Jill S. Cannon, "Early Childhood Interventions: Proven Results, Future Promise," RAND Labor and Population 2005: www.rand.org/content/dam/rand/pubs/monographs/2005/RAND_MG341.pdf.

111 **Resilience leads to greater happiness**: Ann S. Masten, "Ordinary Magic: Resilience Processes in Development," *American Psychologist* 56 (2001): 227–38; Carolyn M. Youssef and Fred Luthans, "Positive Organizational Behavior in the Workplace: The Impact of Hope, Optimism, and Resilience," *Journal of Management* 33 (2007): 774–800; Salvatore R. Maddi, *Hardiness: Turning Stressful Circumstances into Resilient Growth* (New York: Springer Science & Business Media, 2012).

111 **It's a lifelong project**: Brian R. Little, Katariina Salmela-Aro, and Susan D. Phillips, eds., *Personal Project Pursuit: Goals, Action, and Human Flourishing* (Mahwah, NJ: Erlbaum, 2006).

111 **"competent, confident, and caring young adults"**: Emmy E. Werner, "High-Risk Children in Young Adulthood: A Longitudinal Study from Birth to 32 Years," *American Journal of Orthopsychiatry* 59 (1989): 72–81.

111 **The same holds true for children**: Mary Karapetian Alvord and Judy Johnson Grados, "Enhancing Resilience in Children: A Proactive Approach," *Professional Psychology: Research in Practice* 36 (2005): 238–45.

112 **Change Your Shoes**: Kathy Andersen started this program and made it a Lean In Circle. For more information, see https://leanincircles.org/chapter/change-your-shoes.

113 **children respond better to adversity**: Carol S. Dweck, *Mindset: The New Psychology of Success* (New York: Random House, 2006).

113 **Whether children develop a fixed or growth mindset**: Claudia M. Mueller and Carol S. Dweck, "Praise for Intelligence Can Undermine Children's Motivation and Performance," *Journal of Personality and Social Psychology* 75 (1998): 33–52.

113 **After students at risk of dropping out**: David Paunesku, Gregory M. Walton, Carissa Romero, et al., "Mind-set Interventions Are a Scalable Treatment for Academic Underachievement," *Psychological Science* 26 (2015): 784–93.

113 **When college freshmen completed**: David S. Yeager, Gregory M. Walton, Shannon T. Brady, et al., "Teaching a Lay Theory Before College Narrows Achievement Gaps at Scale," *Proceedings of the National Academy of Sciences* 113 (2016): 12111–13.

114 **Today the importance of helping kids**: Kyla Haimovitz and Carol S. Dweck, "What Predicts Children's Fixed and Growth Mind-Sets? Not

Their Parents' Views of Intelligence but Their Parents' Views of Failure," *Psychological Science* 27 (2016): 859–69.

114 **"normalizing struggle"**: Julie Lythcott-Haims, *How to Raise an Adult: Break Free of the Overparenting Trap and Prepare Your Kid for Success* (New York: Holt, 2015).

114 **"Maybe math isn't one"**: Carol Dweck, "Carol Dweck Revisits the Growth Mindset," *Education Week*, September 22, 2015: www.edweek.org/ew/articles/2015/09/23/carol-dweck-revisits-the-growth-mindset.html.

114 **mattering**: Morris Rosenberg and B. Claire McCullough, "Mattering: Inferred Significance and Mental Health Among Adolescents," *Research in Community and Mental Health* 2 (1981): 163–82; Login S. George and Crystal L. Park, "Meaning in Life as Comprehension, Purpose, and Mattering: Toward Integration and New Research Questions," *Review of General Psychology* 20 (2016): 205–20.

114 **those who felt they mattered were less likely**: Gregory C. Elliott, Melissa F. Colangelo, and Richard J. Gelles, "Mattering and Suicide Ideation: Establishing and Elaborating a Relationship," *Social Psychology Quarterly* 68 (2005): 223–38.

114 **Lesbian, gay, and bisexual youths**: Laura Kann, Emily O'Malley Olsen, Tim McManus, et al., "Sexual Identity, Sex of Sexual Contacts, and Health-Risk Behaviors Among Students in Grades 9–12," Centers for Disease Control and Prevention, *Morbidity and Mortality Weekly Report*, June 10, 2011: www.cdc.gov/mmwr/pdf/ss/ss6oe0606.pdf.

116 **Klassen Time**: Jessica Alexander, "Teaching Kids Empathy: In Danish Schools, It's . . . Well, It's a Piece of Cake," *Salon*, August 9, 2016: www.salon.com/2016/08/09/teaching-kids-empathy-in-danish-schools-its-well-its-a-piece-of-cake; Jessica Joelle Alexander and Iben Dissing Sandahl, *The Danish Way of Parenting: What the Happiest People in the World Know About Raising Confident, Capable Kids* (New York: TarcherPerigee, 2016).

116 **The children learn empathy**: Martin L. Hoffman, *Empathy and Moral Development: Implications for Caring and Justice* (New York: Cambridge University Press, 2001).

116 **a resilience program called Girls First**: http://corstone.org/girls-first-bihar-india/.

117 **she intervened to stop a boy**: Kate Leventhal, "Ritu's Story: A New Advocate for Peace and Women's Rights," CorStone, November 19, 2015: http://corstone.org/ritus-story-peace-rights/.

118 **when teachers are told students from stigmatized groups**: Lee Jussim and Kent D. Harber, "Teacher Expectations and Self-Fulfilling Prophecies: Knowns and Unknowns, Resolved and Unresolved Controversies," *Personality and Social Psychology Review* 9 (2005): 131–55; Robert Rosenthal and Lenore Jacobson, "Teachers' Expectancies: Determinants of Pupils' IQ Gains," *Psychological Reports* 19 (1966): 115–18; Monica J. Harris and Robert Rosenthal, "Mediation of Interpersonal Expectancy Effects: 31 Meta-Analyses," *Psychological Bulletin* 97 (1985): 363–86.

118 **Believe you can learn from failure**: David S. Yeager and Carol S. Dweck,

"Mindsets That Promote Resilience: When Students Believe That Personal Characteristics Can Be Developed," *Educational Psychologist* 47 (2012): 302–14.

118 **Believe you matter**: Adam M. Grant and Francesca Gino, "A Little Thanks Goes a Long Way: Explaining Why Gratitude Expressions Motivate Prosocial Behavior," *Journal of Personality and Social Psychology* 98 (2010): 946–55.

119 **More than 1.8 million children in America**: Social Security Administration, "Benefits Paid by Type of Beneficiary," accessed on December 14, 2016: www.ssa.gov/oact/progdata/icp.html.

119 **in a national poll nearly three-quarters said**: "Life with Grief Research," *Comfort Zone News*, accessed on December 14, 2016: www.comfortzonecamp.org/news/childhood-bereavement-study-results.

120 **kids have more neural plasticity**: Joan Stiles, "Neural Plasticity and Cognitive Development," *Developmental Neuropsychology* 18 (2000): 237–72. See also Dante Ciccheti, "Resilience Under Conditions of Extreme Stress: A Multilevel Perspective," *World Psychiatry* 9 (2010): 145–54.

120 **They have shorter "feeling spans"**: Kenneth J. Doka and Joyce D. Davidson, eds., *Living with Grief: Who We Are, How We Grieve* (New York: Routledge, 1998).

121 **When we're tired**: Christopher M. Barnes, Cristiano L. Guarana, Shazia Nauman, and Dejun Tony King, "Too Tired to Inspire or Be Inspired: Sleep Deprivation and Charismatic Leadership," *Journal of Applied Psychology* 101 (2016): 1191–99; Brett Litwiller, Lori Anderson Snyder, William D. Taylor, and Logan M. Steele, "The Relationship Between Sleep and Work: A Meta-Analysis," *Journal of Applied Psychology* (in press): http://psycnet.apa.org/psycinfo/2016-57450-001/.

121 **Girls Leadership**: https://girlsleadership.org/.

124 **When children grow up with a strong understanding**: Robyn Fivush, Jennifer Bohanek, Rachel Robertson, and Marshall Duke, "Family Narratives and the Development of Children's Emotional Well-Being," in *Family Stories and the Life Course: Across Time and Generations*, ed. Michael W. Pratt and Barbara H. Fiese (Mahwah, NJ: Erlbaum, 2004); Bruce Feiler, "The Stories That Bind Us," *The New York Times*, March 15, 2013: www.nytimes.com/2013/03/17/fashion/the-family-stories-that-bind-us-this-life.html.

124 **Giving all members of the family**: Jennifer G. Bohanek, Kelly A. Marin, Robyn Fivush, and Marshall P. Duke, "Family Narrative Interaction and Children's Sense of Self," *Family Process* 45 (2006): 39–54.

124 **Nostalgia is literally**: Constantine Sedikides, Tim Wildschut, Jamie Arndt, and Clay Routledge, "Nostalgia: Past, Present, and Future," *Current Directions in Psychological Science* 17 (2008): 304–7.

125 **a program at Arizona State University**: Rachel A. Haine, Tim S. Ayers, Irwin N. Sandler, and Sharlene A. Wolchik, "Evidence-Based Practices for Parentally Bereaved Children and Their Families," *Professional Psychology: Research and Practice* 39 (2008): 113–21. See also Margaret Stroebe and Henk Schut, "Family Matters in Bereavement: Toward an Integrative Intra-Interpersonal Coping Model," *Perspectives on Psychological Science* 10

(2015): 873–79. More details about the Family Bereavement Program are at https://reachinstitute.asu.edu/programs/family-bereavement.

125 **happiness is remembered, not just experienced**: Daniel Kahneman, *Thinking, Fast and Slow* (New York: Farrar, Straus and Giroux, 2012).

125 **Now I take videos**: Kristin Diehl, Gal Zauberman, and Alixandra Barasch, "How Taking Photos Increases Enjoyment of Experiences," *Journal of Personality and Social Psychology* 111 (2016): 119–40.

第8章　一起寻找力量

127 **"We are caught in an inescapable network"**: Martin Luther King Jr., "Letter from a Birmingham Jail," April 16, 1963: quoted at www.theatlantic.com/politics/archive/2013/04/martin-luther-kings-letter-from-birmingham-jail/274668/.

127 **In 1972, a plane flying**: Spencer Harrison, "The Role of Hope in Organizing: The Case of the 1972 Andes Flight Disaster" (working paper, 2016); Piers Paul Read, *Alive: The Story of the Andes Survivors* (Philadelphia: Lippincott, 1974); Nando Parrado, *Miracle in the Andes: 72 Days on the Mountain and My Long Trek Home* (New York: Crown, 2006); Roberto Canessa and Pablo Vierci, *I Had to Survive: How a Plane Crash in the Andes Inspired My Calling to Save Lives* (New York: Atria Books, 2016); Michael Useem, *The Go Point: How to Get Off the Fence by Knowing What to Do and When to Do It* (New York: Three Rivers Press, 2006); Pablo Vierci, *La Sociedad de la Nieve: Por Primera Vez Los 16 Sobrevivientes de los Andes Cuentan la Historia Completa* (Argentina: Editorial Sudamericana, 2008), translated from the Spanish by Spencer Harrison.

129 **"communities of people generate new images"**: James D. Ludema, Timothy B. Wilmot, and Suresh Srivastava, "Organizational Hope: Reaffirming the Constructive Task of Social and Organizational Inquiry," *Human Relations* 50 (1997): 1015–52.

129 **Believing in new possibilities helps people**: C. R. Snyder, "Conceptualizing, Measuring, and Nurturing Hope," *Journal of Counseling and Development* 73 (1995): 355–60; C. R. Snyder, *Handbook of Hope* (San Diego: Academic Press, 2000).

129 **"grounded hope"**: David B. Feldman and Lee Daniel Kravetz, *Supersurvivors: The Surprising Link Between Suffering and Success* (New York: Harper Wave, 2014).

129 **when thirty-three miners were trapped**: "Chile Miners Get Support from 'Alive' Crash Survivors," BBC News, September 4, 2010: www.bbc.com/news/world-latin-america-11190456; "'Alive' Survivors Reach Out to Trapped Chilean Miners," *Weekend Edition Sunday*, NPR, September 5, 2010: www.npr.org/templates/story/story.php?storyId=129662796; "A Survivor's Message to Miners," YouTube, accessed on December 15, 2016: www.youtube.com/watch?v=kLHhTLbjtkY.

131 **Experience Camps**: www.experience.camp.

132 **He has since testified**: "Testimony of Former SHU Inmate Steven Czi-

fra at the Joint Legislative Hearing on Solitary Confinement in California," October 9, 2013, accessed on December 23, 2016: www.whatthefolly.com/2013/10/22/transcript-testimony-of-former-shu-inmate-steven-czifra-at-the-joint-legislative-hearing-on-solitary-confinement-in-california-oct-9-2013/; "Steven Czifra Speaks on Solitary Confinement in North Berkeley," YouTube, November 6, 2013, accessed on December 23, 2016: www.youtube.com/watch?v=aodLBltrioo.

132 **Underground Scholars Initiative**: Larissa MacFarquhar, "Building a Prison-to-School Pipeline," *The New Yorker,* December 12, 2016: www.newyorker.com/magazine/2016/12/12/the-ex-con-scholars-of-berkeley; Jessie Lau, "Incarceration to Convocation," *The Daily Californian,* May 10, 2015: www.dailycal.org/2015/05/10/incarceration-to-convocation/.

133 **The Posse Foundation**: www.possefoundation.org.

133 **shared narratives can build collective resilience**: Michèle Lamont, Graziella Moraes Silva, Jessica S. Welburn, et al., *Getting Respect: Responding to Stigma and Discrimination in the United States, Brazil, and Israel* (Princeton: Princeton University Press, 2016).

133 **When college students were reminded**: Michael Johns, Toni Schmader, and Andy Martens, "Knowing Is Half the Battle: Teaching Stereotype Threat as a Means of Improving Women's Math Performance," *Psychological Science* 16 (2005): 175–79.

134 **black students scored lower**: Claude M. Steele and Joshua Aronson, "Stereotype Threat and the Intellectual Test Performance of African Americans," *Journal of Personality and Social Psychology* 69 (1995): 797–811. For a review, see Hannah-Hanh D. Nguyen and Ann Marie Ryan, "Does Stereotype Threat Affect Test Performance of Minorities and Women? A Meta-Analysis of Experimental Evidence," *Journal of Applied Psychology* 93 (2008): 1314–34.

134 **"stereotype threat"**: Claude M. Steele, "A Threat in the Air: How Stereotypes Shape Intellectual Identity and Performance," *American Psychologist* 52 (1997): 613–29; Jenessa R. Shapiro and Steven L. Neuberg, "From Stereotype Threat to Stereotype Threats: Implications of a Multi-Threat Framework for Causes, Moderators, Mediators, Consequences, and Interventions," *Personality and Social Psychology Review* 11 (2007): 107–30.

134 **"The buzz around the school"**: Tina Rosenberg, "Beyond SATs, Finding Success in Numbers," *The New York Times,* February 15, 2012: http://opinionator.blogs.nytimes.com/2012/02/15/beyond-sats-finding-success-in-numbers/?scp=1&sq=fixes%20stereotype%20threat&st=cse.

134 **peer support can have a big impact**: Dan S. Chiaburu and David A. Harrison, "Do Peers Make the Place? Conceptual Synthesis and Meta-Analysis of Coworker Effects on Perceptions, Attitudes, OCBs, and Performance," *Journal of Applied Psychology* 93 (2008): 1082–103; Chockalingam Viswesvaran, Juan I. Sanchez, and Jeffrey Fisher, "The Role of Social Support in the Process of Work Stress: A Meta-Analysis," *Journal of Vocational Behavior* 54 (1999): 314–34.

135 **By helping people cope with difficult circumstances**: Geoff DeVerteuil and Oleg Golubchikov, "Can Resilience Be Redeemed?" *City: Analysis of*

Urban Trends, Culture, Theory, Policy, Action 20 (2016): 143–51; Markus Keck and Patrick Sakdapolrak, "What Is Social Resilience? Lessons Learned and Ways Forward," *Erdkunde* 67 (2013): 5–19.

136 **"On Friday night, you stole the life"**: Antoine Leiris, *You Will Not Have My Hate* (New York: Penguin Press, 2016).

136 **"Moral elevation" describes the feeling**: Jonathan Haidt, "Elevation and the Positive Psychology of Morality," in *Flourishing: Positive Psychology and the Life Well-Lived*, ed. Corey L. M. Keyes and Jonathan Haidt (Washington, DC: American Psychological Association, 2003); Rico Pohling and Rhett Diessner, "Moral Elevation and Moral Beauty: A Review of the Empirical Literature," *Review of General Psychology* 20 (2016): 412–25; Sara B. Algoe and Jonathan Haidt, "Witnessing Excellence in Action: The 'Other-Praising' Emotions of Elevation, Gratitude, and Admiration," *The Journal of Positive Psychology* 4 (2009): 105–27; Simone Schnall, Jean Roper, and Daniel M. T. Fessler, "Elevation Leads to Altruistic Behavior," *Psychological Science* 21 (2010): 315–20.

136 **"the better angels of our nature"**: Abraham Lincoln's first inaugural address, March 4, 1861, accessed on December 15, 2016: http://avalon.law.yale.edu/19th_century/lincoln1.asp.

136 **elevation leads us to look**: Dan Freeman, Karl Aquino, and Brent McFerran, "Overcoming Beneficiary Race as an Impediment to Charitable Donations: Social Dominance Orientation, the Experience of Moral Elevation, and Donation Behavior," *Personality and Social Psychology Bulletin* 35 (2009): 72–84; Karl Aquino, Brent McFerran, and Marjorie Laven, "Moral Identity and the Experience of Moral Elevation in Response to Acts of Uncommon Goodness," *Journal of Personality and Social Psychology* 100 (2011): 703–18; Jane E. Dutton, Monica C. Worline, Peter J. Frost, and Jacoba Lilius, "Explaining Compassion Organizing," *Administrative Science Quarterly* 51 (2006): 59–96.

136 **"Let no man pull you so low"**: Martin Luther King Jr., quoted in Clayborne Carson and Peter Holloran, eds., *A Knock at Midnight: Inspiration from the Great Sermons of Reverend Martin Luther King, Jr.* (New York: Grand Central, 2000).

136 **Emanuel African Methodist Episcopal Church in Charleston**: Elahe Izadi, "The Powerful Words of Forgiveness Delivered to Dylann Roof by Victims' Relatives," *The Washington Post*, June 19, 2015: www.washingtonpost.com/news/post-nation/wp/2015/06/19/hate-wont-win-the-powerful-words-delivered-to-dylann-roof-by-victims-relatives; John Eligon and Richard Fausset, "Defiant Show of Unity in Charleston Church That Lost 9 to Racist Violence," *The New York Times*, June 21, 2015: www.nytimes.com/2015/06/22/us/ame-church-in-charleston-reopens-as-congregation-mourns-shooting-victims.html; Alexis Simmons, "Families Impacted by Gun Violence Unite at Mother Emanuel Calling for Gun Reform," *KCTV News*, April 24, 2016: www.kctv5.com/story/31804155/families-impacted-by-gun-violence-unite-at-mother-emanuel-calling-for-gun-reform; Michael S. Schmidt, "Background Check Flaw Let Dylann Roof Buy Gun, F.B.I. Says," *The New York Times*, July 10, 2015:

www.nytimes.com/2015/07/11/us/background-check-flaw-let-dylann-roof-buy-gun-fbi-says.html.

137 **led the congregation in singing "Amazing Grace"**: "President Obama Sings 'Amazing Grace,'" YouTube, accessed on January 13, 2017: www.youtube.com/watch?v=IN05jVNBs64.

137 **"What unites us is stronger"**: Richard Fausset and John Eligon, "Charleston Church Reopens in Moving Service as Congregation Mourns," *The Charlotte Observer*, June 21, 2015: www.charlotteobserver.com/news/local/article25113397.html.

138 **the Charleston Area Justice Ministry**: http://thedartcenter.org/.

138 **In 2010 alone, there were approximately four hundred**: Dean A. Shepherd and Trenton A. Williams, "Local Venturing as Compassion Organizing in the Aftermath of a Natural Disaster: The Role of Localness and Community in Reducing Suffering," *Journal of Management Studies* 51 (2014): 952–94.

139 **Resilient communities have strong social ties**: See Daniel P. Aldrich and Michelle A. Meyer, "Social Capital and Community Resilience," *American Behavioral Scientist* 59 (2015): 254–69; Stevan E. Hobfoll, Patricia Watson, Carl C. Bell, et al., "Five Essential Elements of Immediate and Mid-Term Mass Trauma Intervention: Empirical Evidence," *Psychiatry* 70 (2007): 283–315. Communities that have more financial resources are often more resilient too. After Hurricane Andrew hit Florida in August 1992, people were significantly more likely to develop PTSD if they lost their homes and could not obtain the funding to rebuild: Gail Ironson, Christina Wynings, Neil Schneiderman, et al., "Posttraumatic Stress Symptoms, Intrusive Thoughts, Loss, and Immune Function After Hurricane Andrew," *Psychosomatic Medicine* 59 (1997): 128–41. And psychologists note that "moves by the state of Mississippi to force insurance companies to pay for damages following state law is a critical mental health intervention": Hobfoll et al., "Five Essential Elements of Immediate and Mid-Term Mass Trauma Intervention."

139 **After the 1994 genocide in Rwanda**: J. P. De Jong, Wilma F. Scholte, Maarten Koeter, and Augustinus A. M. Hart, "The Prevalence of Mental Health Problems in Rwandan and Burundese Refugee Camps," *Acta Psychiatrica Scandinavica* 102 (2000): 171–77.

139 **The camps with the greatest resilience**: Joop de Jong, ed., *Trauma, War, and Violence: Public Mental Health in Socio-Cultural Context* (New York: Springer, 2002).

140 **"leftover women"**: Brooke Larmer, "The Price of Marriage in China," *The New York Times*, March 9, 2013: www.nytimes.com/2013/03/10/business/in-a-changing-china-new-matchmaking-markets.html; A.A., "'Leftover' and Proud," *The Economist*, August 1, 2014: www.economist.com/blogs/analects/2014/08/womens-voices.

140 **"absolutely nothing until she is married"**: Clarissa Sebag-Montefiore, "Romance with Chinese Characteristics," *The New York Times*, August 21, 2012: http://latitude.blogs.nytimes.com/2012/08/21/romance-with-chinese-characteristics/?_r=0.

140 **More than 80,000 women**: Jenni Risku, "Reward Actors Who Promote Diversity: Lean In China's Virginia Tan," *e27*, September 19, 2016: https://e27.co/reward-actors-who-promote-diversity-lean-in-chinas-virginia-tan-20160916/.

第 9 章　在失败中不断学习

143 **whether a space flight will succeed**: Peter M. Madsen and Vinit Desai, "Failing to Learn? The Effects of Failure and Success on Organizational Learning in the Global Orbital Launch Vehicle Industry," *Academy of Management Journal* 53 (2010): 451–76.

144 **Just as all people need resilience**: Trenton A. Williams, Daniel A. Gruber, Kathleen M. Sutcliffe, et al., "Organizational Response to Adversity: Fusing Crisis Management and Resilience Research Streams," *Academy of Management Annals* (in press).

144 **companies that kept going**: Edie Lutnick, *An Unbroken Bond: The Untold Story of How the 658 Cantor Fitzgerald Families Faced the Tragedy of 9/11 and Beyond* (New York: Emergence Press, 2011).

145 **this chalkboard was put up**: "We Asked People to Tell Us Their Biggest Regrets—But What They All Had in Common Was Heartbreaking," *A Plus*, January 22, 2016: http://aplus.com/a/clean-slate-blackboard-experiment.

145 **we usually regret the chances we missed**: Thomas Gilovich and Victoria Husted Medvec, "The Experience of Regret: What, When, and Why," *Psychological Review* 102 (1995): 379–95.

147 **morbidity and mortality conferences**: Patrice François, Frédéric Prate, Gwenaëlle Vidal-Trecan, et al., "Characteristics of Morbidity and Mortality Conferences Associated with the Implementation of Patient Safety Improvement Initiatives, An Observational Study," *BMC Health Services Research* 16 (2015), http://bmchealthservres.biomedcentral.com/articles/10.1186/s12916-016-1279-8; Juliet Higginson, Rhiannon Walters, and Naomi Fulop, "Mortality and Morbidity Meetings: An Untapped Resource for Improving the Governance of Patient Safety?" *BMJ Quality and Safety* 21 (2012): 1–10.

147 **When it's safe to talk about mistakes**: Amy C. Edmondson, "Learning from Mistakes Is Easier Said Than Done: Group and Organizational Influences on the Detection and Correction of Human Error," *The Journal of Applied Behavioral Science* 32 (1996): 5–28.

147 **more honest in their CVs**: Melanie Stefan, "A CV of Failures," *Nature* 468 (2010): 467; Johannes Haushofer CV, accessed on December 15, 2016: www.princeton.edu/~joha.

148 **Kind Design**: Jack Deming, "Native Son Suffers Loss from Western Mountain Flooding," *The Deerfield Valley News*, 2013: www.dvalnews.com/view/full_story_obits/23695561/article-Native-son-suffers-loss-from-western-mountain-flooding.

148 **Teams that focus on learning from failure**: Cathy van Dyck, Michael Frese, Markus Baer, and Sabine Sonnentag, "Organizational Error Man-

agement Culture and Its Impact on Performance: A Two-Study Replication," *Journal of Applied Psychology* 90 (2005): 1228–40.

149 **although fishing for compliments hurts**: Susan J. Ashford, Ruth Blatt, and Don VandeWalle, "Reflections on the Looking Glass: A Review of Research on Feedback-Seeking Behavior in Organizations," *Journal of Management* 29 (2003): 773–99. Many people hesitate to ask for feedback, worrying the information will highlight their weaknesses. These fears are unfounded: asking for criticism typically leads to more positive evaluations from supervisors, subordinates, and peers.

149 **Adam became Wharton's top-rated professor**: https://mba-inside.wharton.upenn.edu/class-of-1984-awardees/ and https://mba-inside.wharton.upenn.edu/excellence-in-teaching-class-of-1984-awards.

150 **"Top athletes and singers have coaches"**: Atul Gawande, "The Coach in the Operating Room," *The New Yorker*, October 3, 2011: www.newyorker.com/magazine/2011/10/03/personal-best.

150 **"The measure of who we are"**: Gregg Popovich, quoted in J. A. Adande, "Spurs' Fortitude Fueled Title Run," ESPN, November 19, 2014: www.espn.com/nba/story/_/id/11901128/spurs-2014-title-run-started-game-7-2013-finals.

150 **"We will always spend more than half"**: Theo Epstein, quoted in Bill Pennington, "Cubs' Theo Epstein Is Making Lightning Strike Twice," *The New York Times*, September 29, 2016: www.nytimes.com/2016/10/02/sports/baseball/theo-epstein-chicago-cubs-boston-red-sox-world-series.html.

151 **"After every low score you receive"**: Douglas Stone and Sheila Heen, *Thanks for the Feedback: The Science and Art of Receiving Feedback Well* (New York: Viking, 2014).

152 **a single sentence can make people more open**: David S. Yeager, Valerie Purdie-Vaughns, Julio Garcia, et al., "Breaking the Cycle of Mistrust: Wise Interventions to Provide Critical Feedback Across the Racial Divide," *Journal of Experimental Psychology: General* 143 (2014): 804–24.

第 10 章 再次爱，再次欢笑

160 **getting married increased average happiness only**: Richard E. Lucas, Andrew E. Clark, Yannis Georgellis, and Ed Diener, "Reexamining Adaptation and the Set Point Model of Happiness: Reactions to Changes in Marital Status," *Journal of Personality and Social Psychology* 84 (2003): 527–39. Meanwhile, couples who ended up divorcing were already becoming less happy as the wedding approached and their happiness climbed after the divorce.

160 **people who choose to be single**: Richard E. Lucas and Portia S. Dyrenforth, "The Myth of Marital Bliss?" *Psychological Inquiry* 16 (2005): 111–15; Maike Luhmann, Wilhelm Hofmann, Michael Eid, and Richard E. Lucas, "Subjective Well-Being and Adaptation to Life Events: A Meta-Analysis," *Journal of Personality and Social Psychology* 102 (2012): 592–615.

160 **"Singles are stereotyped"**: Bella DePaulo, *Singled Out: How Singles Are*

Stereotyped, Stigmatized, and Ignored, and Still Live Happily Ever After (New York: St. Martin's Press, 2006).

161 **"Blame me if you like"**: Aaron Ben-Zeév, "Love After Death: The Widows' Romantic Predicaments," The Center for Behavioral Health, April 12, 2012: www.njpsychologist.com/blog/love-after-death-the-widows-romantic-predicaments/.

161 **after a partner dies, men are more likely**: Deborah Carr, "The Desire to Date and Remarry Among Older Widows and Widowers," *Journal of Marriage and Family* 66 (2004): 1051–68; Danielle S. Schneider, Paul A. Sledge, Stephen R. Schuchter, and Sidney Zisook, "Dating and Remarriage over the First Two Years of Widowhood," *Annals of Clinical Psychiatry* 8 (1996): 51–57; Karin Wolff and Camille B. Wortman, "Psychological Consequences of Spousal Loss Among Older Adults," in *Spousal Bereavement in Late Life*, ed. Deborah S. Carr, Randolph M. Nesse, and Camille B. Wortman (New York: Springer, 2005).

162 **In some parts of India**: Nilanjana Bhowmick, "If You're an Indian Widow, Your Children Could Kick You Out and Take Everything," *Time*, October 7, 2013: http://world.time.com/2013/10/07/if-youre-an-indian-widow-your-children-could-kick-you-out-and-take-everything/.

162 **In some Nigerian villages**: Osai Ojigho, "Scrape Her Head and Lay Her Bare: Widowhood Practices and Culture," *Gender Across Borders*, October 28, 2011: www.genderacrossborders.com/2011/10/28/scrape-her-head-and-lay-her-bare-widowhood-practices-and-culture/.

163 **Discrimination against widows has been observed**: Haider Rizvi, "RIGHTS: Mistreatment of Widows a Poorly Kept Secret," IPS, June 23, 2008: www.ipsnews.net/2008/06/rights-mistreatment-of-widows-a-poorly-kept-secret/.

163 **In many countries, widows have difficulty**: Mary Kimani, "Women Struggle to Secure Land Rights," *Africa Renewal*, April 2008: www.un.org/africarenewal/magazine/april-2008/women-struggle-secure-land-rights; UN Women, "Empowering Widows: An Overview of Policies and Programs in India, Nepal and Sri Lanka," accessed on December 15, 2016: www2.unwomen.org/~/media/field%20office%20eseasia/docs/publications/2015/09/final_empowering%20widows_report%202014.pdf?v=1&d=20150908T104700.

164 **a blog by author Abel Keogh**: www.abelkeogh.com/blog.

165 **Brain scans of people in love**: See Arthur Aron, Helen Fisher, Debra J. Mashek, et al., "Reward, Motivation, and Emotion Systems Associated with Early-Stage Intense Romantic Love," *Journal of Neurophysiology* 94 (2005): 327–37; Helen Fisher, Arthur Aron, and Lucy L. Brown, "Romantic Love: An fMRI Study of a Neural Mechanism for Mate Choice," *The Journal of Comparative Neurology* 493 (2005): 58–62.

165 **After we fall in love**: Arthur Aron, Meg Paris, and Elaine N. Aron, "Falling in Love: Prospective Studies of Self-Concept Change," *Journal of Personality and Social Psychology* 69 (1995): 1102–12; Elaine N. Aron and Arthur Aron, "Love and the Expansion of the Self: The State of the Model," *Personal Relationships* 3 (1996): 45–58.

166 **Surgery patients who watch comedies**: James Rotton and Mark Shats,

"Effects of State Humor, Expectancies, and Choice on Postsurgical Mood and Self-Medication: A Field Experiment," *Journal of Applied Social Psychology* 26 (1996): 1775–94. This was the case when they had learned about health benefits of humor and got to choose their film.

166 **Soldiers who make jokes**: Smadar Bizi, Giora Keinan, and Benjamin Beit-Hallahmi, "Humor and Coping with Stress: A Test Under Real-Life Conditions," *Personality and Individual Differences* 9 (1988): 951–56.

167 **People who laugh naturally**: Dacher Keltner and George A. Bonanno, "A Study of Laughter and Dissociation: Distinct Correlates of Laughter and Smiling During Bereavement," *Journal of Personality and Social Psychology* 73 (1997): 687–702.

167 **Couples who laugh together**: John Mordechai Gottman and Robert Wayne Levenson, "The Timing of Divorce: Predicting When a Couple Will Divorce over a 14-Year Period," *Journal of Marriage and Family* 62 (2000): 737–45.

167 **humor lowers our heart rate**: Michelle Gayle Newman and Arthur A. Stone, "Does Humor Moderate the Effects of Experimentally-Induced Stress?" *Annals of Behavioral Medicine* 18 (1996): 101–9.

167 **"if you can reduce them to ridicule"**: Mel Brooks, quoted in Forrest Wickman, "Watch the New Documentary About Mel Brooks," *Slate*, May 28, 2013: www.slate.com/blogs/browbeat/2013/05/28/_mel_brooks_make_a_noise_the_pbs_american_masters_documentary_is_now_available.html.

167 **Jokes are common at funerals**: Blake E. Ashforth and Glen E. Kreiner, "'How Can You Do It?' Dirty Work and the Challenge of Constructing a Positive Identity," *Academy of Management Review* 24 (1999): 413–34.

167 **"He's not lost"**: "Tragicomedia with Comic Janice Messitte on Being a Newly Wedded Widow," Art for Your Sake, March 20, 2014: http://artforyoursake.com/tragicomedia-with-comic-janice-messitte-on-being-a-newly-wedded-widow/.

168 **"Death ends a life"**: Robert Woodruff Anderson, *I Never Sang for My Father* (New York: Random House, 1968).

169 **when people are falling in love**: Anita L. Vangelisti and Daniel Perlman, eds., *The Cambridge Handbook of Personal Relationships* (New York: Cambridge University Press, 2006).

169 **130 newlyweds were invited**: John M. Gottman, James Coan, Sybil Carrere, and Catherine Swanson, "Predicting Marital Happiness and Stability from Newlywed Interactions," *Journal of Marriage and Family* 60 (1998): 5–22; John Gottman, *The Seven Principles for Making Marriage Work* (New York: Three Rivers Press, 2000).

170 **defines a resilient relationship**: Jane E. Dutton and Emily Heaphy, "The Power of High-Quality Connections," in *Positive Organizational Scholarship: Foundations of a New Discipline*, ed. Kim S. Cameron, Jane E. Dutton, and Robert E. Quinn (San Francisco: Berrett-Koehler, 2003).

170 **couples often find that the sparks fade**: Arthur Aron, Christina C. Norman, Elaine N. Aron, et al., "Couples' Shared Participation in Novel and Arousing Activities and Experienced Relationship Quality," *Journal of Personality and Social Psychology* 78 (2000): 273–84.

171 **In the couples whose marriages lasted**: John M. Gottman, Janice Driver, and Amber Tabares, "Repair During Marital Conflict in Newlyweds: How Couples Move from Attack-Defend to Collaboration," *Journal of Family Psychotherapy* 26 (2015): 85–108.

171 **Just three journal entries of seven minutes each**: Eli J. Finkel, Erica B. Slotter, Laura B. Luchies, et al., "A Brief Intervention to Promote Conflict Reappraisal Preserves Marital Quality over Time," *Psychological Science* 24 (2013): 1595–601.

175 **"I won't make your skin crawl"**: Allen Rucker, *The Best Seat in the House: How I Woke Up One Tuesday and Was Paralyzed for Life* (New York: HarperCollins, 2007).